服装高等教育"十二五"部委级规划教材

服装创意设计

张金滨 张瑞霞 / 编著

中国纺织出版社

内 容 提 要

本书为服装高等教育"十二五"部委级规划教材。

本书以作者的实际教学经验和服装生产为基础，对服装创意设计进行了明确诠释，指出"服装创意设计"与"创意服装设计"的区别与联系，厘清了长期以来存在的模糊概念；并对服装创意设计的突破点、基本设计方法与创意运用，设计元素与创意运用，以及创新思维、服装创意设计过程等多方面进行解析，围绕"创意"由浅入深地展开。

与以往的服装设计教材相比，本书更突出一个"新"字，解决了如何对廓型、分割线、零部件等进行创新设计，如何对创新点进行提炼等问题，图文并茂，理论联系实际，始终以创意设计的创新与突破为宗旨，以点带面，拓展学生视野，具有可学习性、可理解性、可操作性和新颖性。

图书在版编目（CIP）数据

服装创意设计 / 张金滨，张瑞霞编著. --北京：中国纺织出版社，2016.8（2021.1重印）

服装高等教育"十二五"部委级规划教材

ISBN 978-7-5180-2685-2

Ⅰ. ①服… Ⅱ. ①张… ②张… Ⅲ. ①服装设计－高等学校－教材 Ⅳ. ①TS941.2

中国版本图书馆CIP数据核字（2016）第122249号

责任编辑：华长印　　特约编辑：姜娜琳　　责任校对：寇晨晨
责任设计：何　建　　责任印制：何　建

中国纺织出版社出版发行
地址：北京市朝阳区百子湾东里A407号楼　邮政编码：100124
销售电话：010—67004322　传真：010—87155801
http://www.c-textilep.com
E-mail: faxing@c-textilep.com
中国纺织出版社天猫旗舰店
官方微博http://weibo.com/2119887771
北京通天印刷有限责任公司印刷　各地新华书店经销
2016年8月第1版　2021年1月第4次印刷
开本：787×1092　1/16　印张：8.5
字数：125千字　定价：39.80元

凡购本书，如有缺页、倒页、脱页，由本社图书营销中心调换

出版者的话

全面推进素质教育，着力培养基础扎实、知识面宽、能力强、素质高的人才，已成为当今教育的主题。教材建设作为教学的重要组成部分，如何适应新形势下我国教学改革要求，与时俱进，编写出高质量的教材，在人才培养中发挥作用，成为院校和出版人共同努力的目标。2011年4月，教育部颁发了教高[2011]5号文件《教育部关于"十二五"普通高等教育本科教材建设的若干意见》（以下简称《意见》），明确指出"十二五"普通高等教育本科教材建设，要以服务人才培养为目标，以提高教材质量为核心，以创新教材建设的体制机制为突破口，以实施教材精品战略、加强教材分类指导、完善教材评价选用制度为着力点，坚持育人为本，充分发挥教材在提高人才培养质量中的基础性作用。《意见》同时指明了"十二五"普通高等教育本科教材建设的四项基本原则，即要以国家、省（区、市）、高等学校三级教材建设为基础，全面推进，提升教材整体质量，同时重点建设主干基础课程教材、专业核心课程教材，加强实验实践类教材建设，推进数字化教材建设；要实行教材编写主编负责制，出版发行单位出版社负责制，主编和其他编者所在单位及出版社上级主管部门承担监督检查责任，确保教材质量；要鼓励编写及时反映人才培养模式和教学改革最新趋势的教材，注重教材内容在传授知识的同时，传授获取知识和创造知识的方法；要根据各类普通高等学校需要，注重满足多样化人才培养需求，教材特色鲜明、品种丰富避免相同品种且特色不突出的教材重复建设。

随着《意见》出台，教育部正式下发了通知，确定了规划教材书目。我社共有26种教材被纳入"十二五"普通高等教育本科国家级教材规划，其中包括了纺织工程教材12种、轻化工程教材4种、服装设计与工程教材10种。为在"十二五"期间切实做好教材出版工作，我社主动进行了教材创新型模式的深入策划，力求使教材出版与教学改革和课程建设发展相适应，充分体现教材的适用性、科学性、系统性和新颖性，使教材内容具有以下几个特点：

（1）坚持一个目标——服务人才培养。"十二五"职业教育教材建设，要坚持育人为本，充分发挥教材在提高人才培养质量中的基础性作用，充分体现我国改革开放30多年来经济、政治、文化、社会、科技等方面取得的成就，适应不同类型高等学校需要和不同教学对象需要，编写推介一大批符合教育规律和人才成长规律的具有科学性、先进性、适用性的优秀教材，进一步完善具有中国特色的普通高等教育本科教材体系。

（2）围绕一个核心——提高教材质量。根据教育规律和课程设置特点，从提高学生分析问题、解决问题的能力入手，教材附有课程设置指导，并于章首介绍本章知识点、重点、难点及专业技能，增加相关学科的最新研究理论、研究热点或历史背景，章后附形式多样的习题等，提高教材的可读性，增加学生学习兴趣和自学能力，提升学生科技素养和人文素养。

（3）突出一个环节——内容实践环节。教材出版突出应用性学科的特点，注重理论与生产实践的结合，有针对性地设置教材内容，增加实践、实验内容。

（4）实现一个立体——多元化教材建设。鼓励编写、出版适应不同类型高等学校教学需要的不同风格和特色教材；积极推进高等学校与行业合作编写实践教材；鼓励编写、出版不同载体和不同形式的教材，包括纸质教材和数字化教材，授课型教材和辅助型教材；鼓励开发中外文双语教材、汉语与少数民族语言双语教材；探索与国外或境外合作编写或改编优秀教材。

教材出版是教育发展中的重要组成部分，为出版高质量的教材，出版社严格甄选作者，组织专家评审，并对出版全过程进行过程跟踪，及时了解教材编写进度、编写质量，力求做到作者权威，编辑专业，审读严格，精品出版。我们愿与院校一起，共同探讨、完善教材出版，不断推出精品教材，以适应我国高等教育的发展要求。

中国纺织出版社
教材出版中心

前　言

我国是世界上最大的服装生产国和出口国，服装产业举足轻重。创意经济时代的来临，使创意成为各个领域、各个学科要解决的核心问题。服装作为历史、社会发展的产物，深深地打上了"时代"的烙印，因此，人们清楚地认识到服装由"中国制造"转变为"中国创造"是我国今后发展的必然之路，是我国服装产业走向世界、弘扬中华民族文化的必由之路。对于服装设计领域，"创意设计"是实现"中国创造"的根本。服装设计行业，属于时尚创意产业的范畴，引领着人们生活模式、生活观念的改变，处于时代前沿。推进服装产业改革，发展服装创意设计，培养服装创造、创新性人才，符合市场经济的需要，是21世纪的呼声。

自改革开放以来，我国的艺术设计类院校，相继开设了服装设计课程，近年来，伴随着服装产业的蓬勃发展，一些综合类院校，也陆续开设了服装设计相关课程。但是，在日趋成熟、完善的各类院校服装体系中，有关服装创意设计的书籍，特别是教材还不多。为了满足我国高等院校服装设计课程和服装爱好者的需要，顺应设计师创意的时代潮流，在充分借鉴、吸纳前人和同行已有成果的基础上，我们结合多年的课堂和实践教学经验，整理、编写了这本教材。

本书以培养、挖掘学生创造性思维为主线，结合服装创意设计的方法、灵感素材的寻找与摄取、跨界设计等，充分打开学生们的思路，发展创意，将一个全新的服装视觉世界呈现给观者。俗话说得好"怎么想就怎么做，没有想不到只有做不到"，解决创意问题，必先解决思维方式。本书思维方式环节，提倡服装创意设计的全脑思维，结合想象、联想，进行创造性思维设计训练，解决怎么思考的问题。服装创意设计的方法环节，结合创造性思维方式的学习，在现有方法的基础上，充分开拓新的创意设计的方法。从灵感到服装创意设计环节，核心解决灵感如何与服装结合的问题，并给出解决的思路、结合的方法。从设计到设计属于本书的实践环节，结合所学知识完成服装创意设计的蜕变。希望本书能对服装设计教学课程的完善以及服装设计专业的学生和服装爱好者有所借鉴、启迪和帮助。

本书由内蒙古师范大学的张金滨老师、张瑞霞老师策划，张金滨老师领衔编写，两位青年教师彼此密切沟通、达成一致、分工协作、相互促进，共同合作撰写完成。此外，对本书提供设计作品的内蒙古师范大学服装与服饰设计系的同学们以及内蒙古师范大学国际现代艺术设计学院的热情帮助和大力支持表示感谢！

由于编者时间与经验有限，本书的撰写还存在诸多不足，期待得到各位专家、读者的批评指正。

张金滨 张瑞霞
2016年1月

教学内容及课时安排

章/课时	课程性质/课时	节	课程内容
第一章 （4课时）	思维训练 （20课时）		·绪论
		第一节	服装创意设计学习的基本内容
		第二节	与服装创意设计相关的概念
		第三节	服装创意设计的定位
第二章 （16课时）			·服装创意设计的能力培养与思维方式
		第一节	服装创意设计创新思维能力的培养
		第二节	服装创意设计的思维方式
第三章 （20课时）	方法与应用 （52课时）		·从服装构成要素到创意设计
		第一节	以廓型为突破点
		第二节	以细节为突破点
		第三节	以结构为突破点
		第四节	以面料为突破点
		第五节	以色彩与图案为突破点
第四章 （24课时）			·从灵感到服装创意设计
		第一节	灵感的来源、寻找与收集
		第二节	灵感元素在服装创意设计中的应用
第五章 （8课时）			·从设计到设计
		第一节	推款设计
		第二节	跨界设计

注　各院校可根据自身的教学特点和教学计划对课程时数进行调整。

目 录

第一章　绪论 　　　　　　　　　　　　　　　　　　　002

第一节　服装创意设计学习的基本内容　　　　　　　　　003
　　一、服装设计的创新理念　　　　　　　　　　　　　003
　　二、服装创意设计思维　　　　　　　　　　　　　　004
　　三、服装创意设计过程　　　　　　　　　　　　　　004
　　四、服装创意设计的突破点　　　　　　　　　　　　004
第二节　与服装创意设计相关的概念　　　　　　　　　　005
　　一、创意与创意设计　　　　　　　　　　　　　　　005
　　二、服装创意设计与创意服装设计　　　　　　　　　005
第三节　服装创意设计的定位　　　　　　　　　　　　　007
　　一、服装类型的确定　　　　　　　　　　　　　　　007
　　二、服装创意设计的"五W"原则　　　　　　　　　008
课后训练　　　　　　　　　　　　　　　　　　　　　　008

第二章　服装创意设计的能力培养与思维方式 　　　　010

第一节　服装创意设计创新思维能力的培养　　　　　　　011
　　一、培养发现美的观察力　　　　　　　　　　　　　011
　　二、培养具有宽度和深度的联想力　　　　　　　　　011
　　三、培养创造新形象的想象力　　　　　　　　　　　012
第二节　服装创意设计的思维方式　　　　　　　　　　　013
　　一、求异思维　　　　　　　　　　　　　　　　　　013
　　二、逆向思维　　　　　　　　　　　　　　　　　　015
　　三、侧向思维　　　　　　　　　　　　　　　　　　015
课后训练　　　　　　　　　　　　　　　　　　　　　　018

第三章　从服装构成要素到创意设计　026

第一节　以廓型为突破点　027
　　一、服装廓型概述　027
　　二、廓型创意设计　029
第二节　以细节为突破点　034
　　一、从衣领切入　034
　　二、从衣袖切入　039
　　三、从其他细节切入　044
第三节　以结构为突破点　047
第四节　以面料为突破点　053
　　一、选用非服用材质进行创意设计　053
　　二、对服用材质的再创造　057
第五节　以色彩与图案为突破点　060
　　一、以图案为突破点　060
　　二、以色彩为突破点　062
课后训练　064

第四章　从灵感到服装创意设计　　　　　　　　　072

第一节　灵感的来源、寻找与收集　　　　　　　　073
　　一、灵感的来源渠道　　　　　　　　　　　　074
　　二、灵感的寻找与收集　　　　　　　　　　　　088
第二节　灵感元素在服装创意设计中的应用　　　　089
　　一、灵感板　　　　　　　　　　　　　　　　089
　　二、灵感元素提取与拓展　　　　　　　　　　093
　　三、灵感元素应用　　　　　　　　　　　　　093
课后训练　　　　　　　　　　　　　　　　　　　099

第五章　从设计到设计　　　　　　　　　　　　108

第一节　推款设计　　　　　　　　　　　　　　　110
　　一、服装设计大师作品收集与分析　　　　　　110
　　二、以大师作品为基点进行推款设计　　　　　112
第二节　跨界设计　　　　　　　　　　　　　　　121
　　一、设计的延续与超越——跨界　　　　　　　121
　　二、跨界设计作品赏析　　　　　　　　　　　121
课后训练　　　　　　　　　　　　　　　　　　　123

后　　记　　　　　　　　　　　　　　　　　　　126

绪论

思维训练

课程名称： 绪论

课程内容： 服装创意设计学习的基本内容
与服装创意设计有关的概念
服装创意设计的定位

课程时间： 4课时

教学目的： 明确服装创意设计的学习内容，把握基本理论知识，使学生课下能够有的放矢地学习，为后续的学习做好准备。

教学方式： 多媒体理论讲授。

教学要求： 1. 了解服装创意设计要学习的内容。
2. 把握与服装创意设计相关的概念。
3. 明确本课程的学习目标与重要性。

第一章 绪论

创意经济时代的到来，使"创意"一词不可避免地在服装行业中被提出并受到关注。"创意"成为服装企业、品牌、院校的热门话题，成为服装企业在激烈的市场竞争中制胜的法宝，是服装品牌保持永久活力的手段，也成为衡量专业服装设计师的条件之一。

将"创意"一词纳入服装设计的范畴，已成为必然。在本章中，将对服装创意设计所要学习的基本内容、相关概念、服装类型、设计原则等进行综合描述。

第一节 服装创意设计学习的基本内容

服装创意设计，以"创意"为核心，以服装为载体，探讨的是服装设计创新的方法、服装创意设计的突破点、服装创意设计过程和服装创意设计思维的训练与表达等，注重的是服装设计的创新与突破。

一、服装设计的创新理念

理念的创新是进行服装创意设计重要的设计观，如果在思想上有一个全新的表达，并能乐于接受、树立全新的理念，那么寻找一个创意点并完成这个创意就会很轻松。也就是说，服装设计的创新理念是使服装具有创意的关键点之一，创新理念影响着创意设计，例如日本服装设计大师山本耀司（Yohji Yamamoto）、川久保玲（Comme des Garcons）、三宅一生（Issey Miyake）等，他们带有颠覆性的时尚创新理念，使其作品在时装界独树一帜。

他们所设计的无结构、松垮、披挂、缠绕、斜肩等样式（图1-1），极具创意，完全打破了国际认可的欧洲以强调女性曲线为主线的设计风格，这种与西方主流服饰文化背道而驰的新的设计理念，使他们在时装界站稳了脚。

Yohji Yamamoto 2016 AW 　　Yohji Yamamoto 2016 AW 　　Comme des Garcons 2016 AW

图 1-1

二、服装创意设计思维

服装的创意设计思维主要有逆向设计思维、正向设计思维、侧向设计思维、纵向设计思维等，通过学习这几类设计思维，指导服装创意实践。应该说，拥有良好的设计思维能力是从事服装创意设计活动的保障。作为设计者，创意设计思维是重点要学习的内容之一，包括对创意设计思维的类型、特征、规律、过程、运用的探讨，如何结合服装提高创意思维能力，如何将创意设计思维在服装设计中创新运用等。这个阶段的学习，主要的目的是结合创意设计思维强化训练，打开思路，提高服装创新水平。本教材中有专门章节对此加以深入阐述。

三、服装创意设计过程

如果说对创造性设计思维的研究、学习，主要是解决思维方式问题，从思维上引导，结合科学的训练，进行服装创意设计，那么，对服装创意设计过程问题的研究主要体现在对服装创意设计灵感素材的渠道、灵感捕捉的探讨上，并注重对灵感素材、灵感元素的剖析及运用。本章节重点告诉设计者，从事服装创意设计，结果固然重要，但也不能忽略设计过程，如果过程做好了，并能享受过程推进中的乐趣，必然会有一个好的设计结果；同时，灵感虽然飘忽不定，但并不是不可捉摸的，积累、探索、勤于思考是灵感触发不可缺少的过程和前提，而且灵感是可以通过寻找得到的，寻找的途径和规律也是有据可循的。在本教材后面的章节中，结合灵感调研手册，列举了丰富的寻找灵感、灵感如何剖析与运用的案例，提供给设计者以启迪。

四、服装创意设计的突破点

这一部分主要是围绕服装本身的构成元素，展开创意设计的学习。当然，以服装构成元素为设计切入点进行设计的规律也适合服装设计的基础学习阶段，但这是在服装设计基础上重点学习服装三大构成要素之款式、色彩、材料的基础知识和一般设计规律。然而在服装创意设计中，强调的是服装上某个"点"的创新与突破，也就是通过"点"的创意设计，使服装具有创意，这个"点"即是创意设计的突破点。例如服装创意设计的突破点主要有廓型、分割线、零部件、设计元素等。与服装设计基础相比较，其在设计内容上是以点带面，相对更加深刻与细致。

第二节 与服装创意设计相关的概念

一、创意与创意设计

1. 创意

古今中外,学者们对创意的认识不同,所做的定义也不同。例如,美国著名心理学家斯滕博格(Robert J. Sternberg)认为:创意是生产作品的能力,这些作品既新颖,又恰当;建筑学者库地奇(John Kurdich)认为:创意是一种挣扎,寻求并解救我们的存在;台北艺术大学赖声川先生认为:创意是看到新的可能,再将这些可能性组合成作品的过程。

虽然,学者们对创意的认识各有不同,但综合多种解释,可以得出这样的定义:创意是具有创造性的意念,它不是重复,而是创新,具有原创性、可实现性特征,它的核心不仅仅是一个"新"字,还应具有对"意"的表达。

2. 创意设计

从字面上理解,创意设计是指具有创造性意念、意味、意思、意义的设计。从现代设计学的角度来看又可以理解为:一切对现实有所突破的设计、有所创新的设计都属于创意设计。也就是说,创意属于创新设计的范畴,但创新之外,还注重创造性理念和意味的表达,为设计注入灵魂与活力。

二、服装创意设计与创意服装设计

1. 服装创意设计

服装创意设计,其核心是"创意",如何使服装具有创意,是重点要研究、学习的内容。其中"创意"可以是原创的,也可以是非原创的,"服装"可以是任何类型的服装,如礼服、运动装、职业装、衬衫等生活化的服装。

2. 创意服装设计

创意服装设计,主要指创意服装的设计,其核心也是"创意",如何设计创意服装,是重点要研究、学习的内容。对于创意服装,并没有非常严格的定义。在服装行业内所提到的创意服装一般是相对于实用服装而言的,指的是各类造型夸张、弱化可穿性、创新性强的艺术欣赏服装。创意服装设计,仅仅指这一类型的服装设计,不包括其他服装类型。

3. 两者的联系与区别

提到服装创意设计,我们很容易跟创意服装设计混淆,因为,服装创意设计的核心是创意,创意服装设计的核心也是创意,只是给观赏者的感觉是创意性更强些,所以将两者混淆是很正常的。但是服装创意设计，服装是创意设计的载体，它涵盖面广泛，不仅指造型夸张的艺术性创意服装，也涵盖普通成衣、服装单品等。而创意服装设计，创意服装是设计的载体，仅指创意服装的设计，即各类造型夸张、弱化可穿性、展示性的艺术欣赏服装。在设计方面，两者的侧重点不同，服装创意设计注重的是创意设计的思维方式、设计方法、设计元素、过程剖析与推进的学习与训练；创意服装设计则侧重于创意的结果而非过程，可以通过各种方法来表达创意服装夸张、奇特的视觉效果。

显而易见，服装创意设计不等于创意服装设计，服装创意设计包括创意服装设计。在学习服装创意设计阶段，两者不能混淆，也不能完全割裂开。在教学上，可以利用创意服装设计的学习，打开思路，利用其他类型服装创意设计的学习，结合市场，使设计出来的作品能够达成商业与创意相结合，是"有用"的作品，并体现出以人为本的设计内涵。

第三节 服装创意设计的定位

服装创意设计要以人为本，在设计之前，必须有明确的定位，这个定位可以让设计者在设计的过程中有一个明确的方向。设计定位主要包括服装类型的确定、服装创意设计的"5W"原则。

一、服装类型的确定

在进行服装创意设计之前，设计者应该虚拟进行创意设计的服装类型。一般来说，服装依据消费群体的定位、出席场合、穿着目的的不同，分为不同的类型。在服装创意设计中，服装是创意设计的载体，作为服装创意设计的载体依据其实用性的强弱，分为创意服装与实用服装；依据其服用对象和品质，分为高级时装、高级成衣、成衣三大类。在服装创意设计中不仅包括以上几类服装的创意设计，还包括服装单品的创意设计。

1. **高级时装创意设计**

高级时装，又称奢侈品，是非生活必需品，出自世界顶级设计师之手。高级时装的设计，原创性高，从外部廓型到内部结构，甚至面料、色彩搭配都极具创意性，能够引领国际服装流行趋势。当然，也有一部分传统经典型设计，其创意性不高。

2. **高级成衣创意设计**

高级成衣，出自大牌设计师之手，能够引领国际流行趋势。原创性高，小批量生产，创意的成分较多，属服装中的高端产品。

3. **成衣创意设计**

成衣，指满足日常生活需要的实用服装。原创性不高，批量生产，积极研究、追踪国际流行趋势，以模仿为主。创意设计只表现在局部某一个或几个点上。

4. **服装单品创意设计**

单件服装的创意设计，如时装裙、时装裤的创意设计。单品设计可以依据设计定位明确创意成分的多少。

5. **创意服装设计**

创意服装，核心就是创意，原创性高，可弱化穿用功能，或者基本无穿用的可能性，着重体现设计师天马行空的构思。

以上服装类型，在进行服装创意设计的过程中，都可以作为创意设计的载体，至于选择哪一种创意设计的服装类型，如选择创意服装设计或者成衣创意设计等，由设计者自己把握。

二、服装创意设计的"5W"原则

服装创意设计为满足人的物质和精神需求而设计。在设计之前需综合考虑一些基本条件，明确设计目的，遵循"五W"原则。

1. Who（谁）

Who，指着装对象，服装给什么人穿。设计的对象必须要有明确的使用主体，切实把握主体的形象特征，是设计的主要条件之一。

2. When（何时）

When，指着装时间，设计要与使用时间、季节相符。

3. Where（何地）

Where，指着装场合。所设计的服装在什么场所、什么环境、什么地方穿用，是服装设计中必须考虑的因素。

4. Why（何目的）

Why，指着装目的。设计是必须以使用目的为前提的，着装的目的不同，对服装主题风格、造型、色彩、质感的要求也不同。

5. What（什么）

What，指设计元素，设计什么，设计怎样的造型，选择怎样的面料、色彩，保证怎样的功能性，设计结果能对人产生怎样的心理作用，等等。

成功的创意设计作品，关键点不仅仅在于观者所能看到的色彩与造型，还应注重看不到的表现方法、内部结构与工艺等方面。作为创作者，应该立于创作中心，统筹规划，使作品达到完美的效果。设计是为社会、人类服务的，进行服装创意设计，需要考虑诸多因素，非随性而设计，这样设计才会有的放矢，这样的设计才会符合社会、符合消费者。

课后训练

作业名称：秀场作品创意分析

要　　求：收集秀场作品20款，分析其创意点及"五W"原则的体现，以PPT形式完成。

思维训练

服装创意设计的能力培养与思维方式

课程名称：服装创意设计的能力培养与思维方式

课程内容：服装创意设计创新思维能力的培养
服装创意设计的思维方式

课程时间：16课时

教学目的：明确思维能力在设计中的重要性，能够应用多种思维方式进行创意设计。

教学方式：多媒体理论讲授。

教学要求：1. 培养良好的创新思维习惯。
2. 灵活应用创意思维进行设计训练。

第二章
服装创意设计的能力培养与思维方式

思维,最初是人脑借助于语言对客观事物的概括和间接的反应过程。思维以感知为基础又超越感知的界限,它探索与发现事物的内部本质联系和规律性,是认识过程的高级阶段。

人们能够借助于其他媒介作用及已有的知识和经验,应用不同的思维方式,认识事物的本质特征,并作出创意性的思考与实践。

第一节　服装创意设计创新思维能力的培养

思维能力，指人们在工作、学习、生活中每每遇到问题，总要"想一想"，这种"想"，就是思维。它是通过分析、综合、概括、抽象、比较、具体化和系统化等一系列过程，对感性材料进行加工并转化为理性认识来解决问题的。我们常说的概念、判断和推理是思维的基本形式。无论是学生的学习活动，还是人类的一切发明创造活动，都离不开思维，思维能力是学习能力的核心。

一、培养发现美的观察力

观察是什么？就是用眼睛仔细察看。这种观察的能力，每个人都具备。但是，作为设计师的观察力则不同于普通人，它是一种发现美的能力，是一种有意识、有目的、有计划的知觉能力，是在一般知觉能力的基础上，根据一定的目的，观察和研究某一事物的外在特征、内在本质以及构成规律的能力。作为设计师，若想发现生活中的美，就必须具备这种观察的能力，因为观察是设计师摄取外界信息的前提，也是服装创意设计产生以及完善的重要条件。当然，设计师的观察是区别于他人的，通常是以服装设计的需要有选择地留意常人不注意或者熟视无睹的事物。

设计师观察的方式也与常人有别，他们大多喜欢注意细节，不仅要仔细观察，还要探究其构成原因，并要构想如何被设计所用。

二、培养具有宽度和深度的联想力

联想力，是人脑中的记忆表象之间迅速建立起联系的能力。联想力是每个人都具有的基本能力，否则就难以进行日常的思维活动，只是普通人的联想大多是无意识进行的。服装设计思维中的联想，强调的是对联想的运用，是一种有意识的、自觉的心理行为。这种联想不仅能对服装设计的想象以及灵感的诱发起到促进作用，而且还可以增加创意思维的灵活性和变通性。

联想的产生，有时是因为看到某个事物而想起曾经见到的或知道的事物，有时则是通过回忆而想起记忆中的其他事物，有时是由一事物想到另外某些事物。也就是说，人的联想，是建立在一定媒介、材料基础上的。对于设计师，文化知识、生活阅历、专业技能的训练、设计经验的积累，都是构成联想的材料。作为设计师应注重平时的积累，俗话说见多识广，平时积累得越多，联想就越灵活、越敏捷；丰富设计经验，经验越丰富，联想也就越具有宽度和深度。因此可以在专业学习的过程中，通过有意识的训练而得到强化，从而形成一种自觉的行为。

三、培养创造新形象的想象力

想象力，是人在已有形象的基础上，在头脑中创造出新形象的能力。想象一般是在掌握一定的知识面的基础上完成的。想象力是在头脑中创造一个念头或思想画面的能力。

提高想象力是非常有必要的，它会表现在生活中的方方面面。多看、多思考，而且还是提高想象力的必要基础，除此之外，还须有更高的要求。想象力是人不可缺少的一种智能，是人的生活中不可缺少的智慧。哲学家狄德罗说："想象，这是一种特质。没有它，一个人既不能成为诗人，也不能成为一个哲学家、有思想的人，一个有理性的生物、一个真正的人。"

孔子说："知之者不如好之者，好之者不如乐之者。"在培养与提高观察力、联想力和想象力的同时，要时刻将自己置于疑问、矛盾、问题和兴趣之中，使思维不断得到激发，养成良好的思维习惯。

第二节 服装创意设计的思维方式

动物有思维，但不够高级。电脑、机器人是人创造出来的产物，没有思维。所以，思维是人特有的能力，是人脑对客观现实概括、间接的反映，是人的认识过程的高级阶段。心理学家把思维定义为解决问题。例如，看到某人的穿着打扮，可以判断她的性格以及经济状况等；看到乌云密布，便预知快要下雨了。这些都是人通过占有的材料、信息或某一媒介的一种简洁、概括的认识，这个认识、处理信息的过程，即思维。总结归纳一下，思维即是想问题、解决问题的一种心理活动。俗话说：怎么想，就怎么做。如何使服装具有创意，首先解决怎么想这个问题。只有想的有创意了，设计出来的作品才会具有创意。

什么是思维方式？思维方式是看待事物（想问题、解决问题）的角度。不同国籍、不同文化背景的人看待事物的角度也不同，这便是思维方式的不同。

一、求异思维

所谓求异思维，指思维主体对某一研究问题求解时，不受已有信息或以往思路的限制，从不同方向、不同角度去寻求解决问题的不同答案的一种思维方式。求异思维通常包括发散求异和转换求异等独具特效的思维方式。

求异思维方法的内核是：积极求异，灵活生异，多兀创异，最后形成异彩纷呈的新思路、新见解。可以说求异思维方法是孕育一切创新的源头。科学技术史上许多发现或发明就是运用这种思维方式的结果。

求异思维具有灵活性、积极性、多元性、试错性等特征，以灵活变通性为根本，以积极性为动力，多元性为运行的广度，试错性使多元的思维不断修正。这些特征都使求异思维形成一个立体的、多结构的、多维度的和生动活泼的思维运行图，如大家熟知的曹冲称象的故事。故事说明了曹冲非常聪明睿智，能够具体地分析事物的矛盾并善于解决矛盾，他用大石头，化整为零地解决了远古时期没有磅秤的疑难问题。同时说明了曹冲解决问题的思维方式是求异思维，它称得是石头，而非大象，解决问题的方式是与习惯不同。又如司马光砸缸的故事，这个故事生动地反映了司马光自幼就做事认真，对小伙伴忠诚能遇事不慌、沉着冷静，同时又说明他是一个机智、聪慧过人的孩子，他可以采用求异的思维方式解决问题。

这两个故事告诉我们，解决问题的角度很重要，在设计过程中，如何使服装具有创意，我们可以运用求异思维。如图2-1所示为Paco Rabanne 2014秋冬女装秀中的作品，应用求异思维，通过异性材质镜面材料和PVC，向观众展示出一个具有全新面貌的秋冬女性衣橱；再如图2-2所示为Comme des Garcons 2016春夏女装秀，通体的黑色长袍，装饰着硕大的羽毛，气场十足又带着些许恐怖色彩，都是对常规服装形态和装饰手法的求异创新。

图 2-1

图 2-2

二、逆向思维

逆向思维，就是悖逆通常的思考方法，也叫做反向思维，即我们通常所说的"倒着想"或"反过来想一想"。逆向思维是在服装设计中能够进行大胆创新的一种思维方式。如将衣服毛茬暴露在外，或有意保留着粗糙的缝纫针迹，露出衬布，保留着半成品的感觉；或重新设计袖窿的位置，把人体的轮廓倒置；或将一些完全异质的东西组合在一起，就像将极薄的纱质面料和毛毯质地的材质拼接起来，将运动型的口袋和优雅的礼服搭配在一起等，这些都是时下的时髦样式。这种服装潮流在与传统风格较量中逐渐被人们所认识和接受，充斥着大街小巷。人们从中感受到了"逆向思维"设计的魅力。如图2-3所示，作品均强调了服装结构线局部打开的状态，颠覆了一贯结构线缝合的常规思维，是典型的逆向思维在创意实践中的体现。

图 2-3

三、侧向思维

侧向思维，就是利用局外信息，从其他领域或距离较远的事物中得到启示而产生新方案，新设想的思维方式。由于这一思维方式的起因，并非来自与服装相关的事物，故而也称"旁通思维"。通俗地讲，侧向思维就是利用其他领域里的知识和资讯，从侧向迂回地解决问题的一种思维形式，如图2-4所示，由大自然中闪电的形、色以及感觉触发设计创意。

以上几种思维不同于普通人的惯常思维，是一种有意识、有目的的并带有一定强迫性的思维方式，往往是刻意或有意而为，并不是放任自流的结果。创意思维的能力，不是单一的能力，而是一种综合的能力，这种综合能力往往以观察力、联想力和想象力为基础，最后形成富有创新的创意思维能力。

灵感来源：

　　本次设计灵感来源为闪电，在静谧的黑夜中，一道闪电划破空中，而闪电的形态是我所喜欢并进行应用的。

Inspiration:

　　The design inspiration comes from the lightning,in the quiet In the night,a lightning bolt through the air,and the form of lightningis what I linke and use The.

设计说明：

　　本次设计主题为返璞归真，也作返朴归真，指去掉外在的装饰，恢复原来的质朴状态。道教教义，道教学道修道，其目的就是要通过自身的修行和修炼。这次设计深刻的运用了这个含义，以简练的外形、质朴的颜色，从而达到简单的时尚。

Design description:

　　The design theme is also made to recover the original simplicity, recover the original simplicity external decoration, remove and restore the original pristine state.Taoism,Taoism Taoism religious,its purpose is to through their own practice and practice. this time Designed to use this meaning,in a concise form,plain color,so as to achieve a simple fashion.

第二章 服装创意设计的能力培养与思维方式

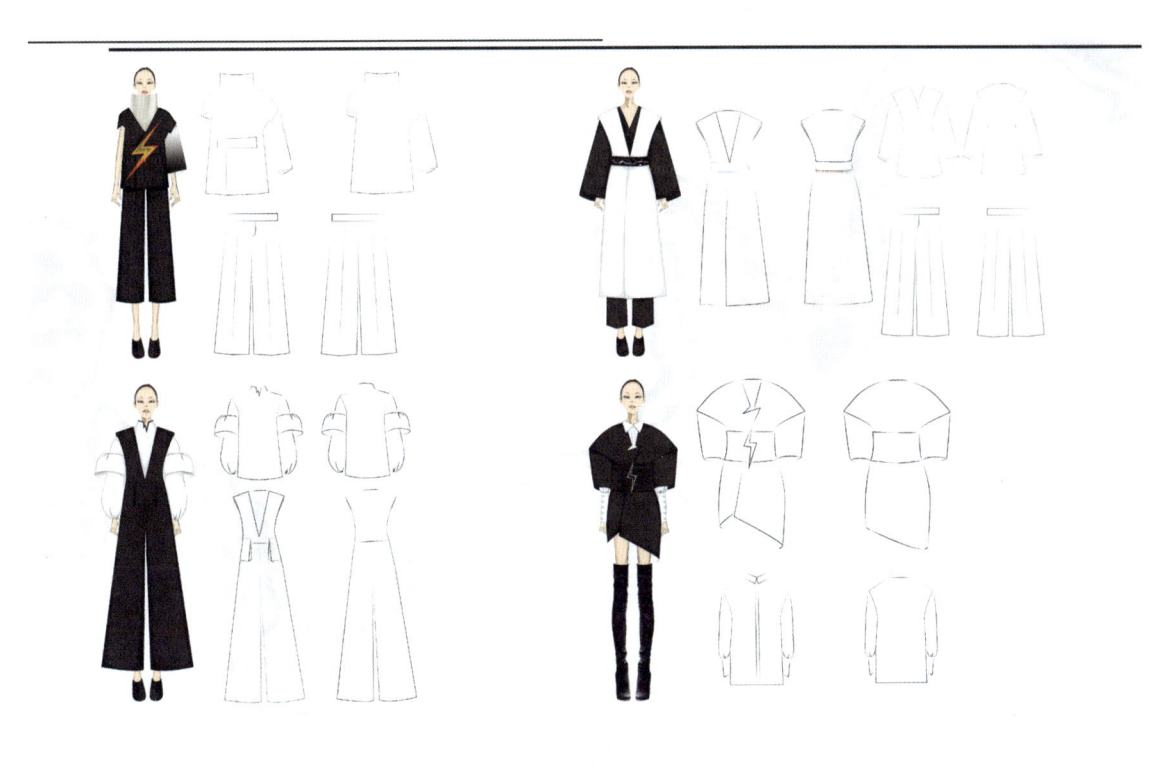

图 2-4

| 课后训练 | **作业名称**：思维训练
要　　求：运用服装创意设计思维方式，设计系列服装6款，以彩色电脑效果图表现。
内容包括：思维运用过程、线稿描绘、款式拓展、彩色效果图、款式图分版。 |

作业实例一：

发散思维＋换位思维

逆向思维＋换位思维

第二章 服装创意设计的能力培养与思维方式

换位思维

换位思维

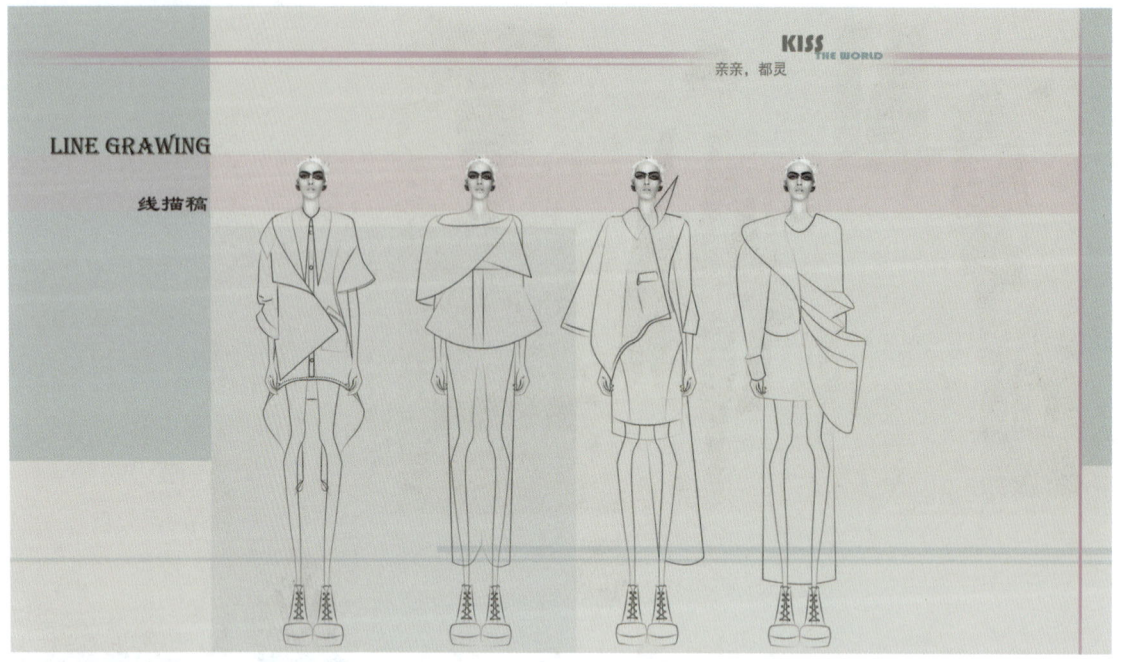

KISS THE WORLD
亲亲，都灵

LINE GRAWING
线描稿

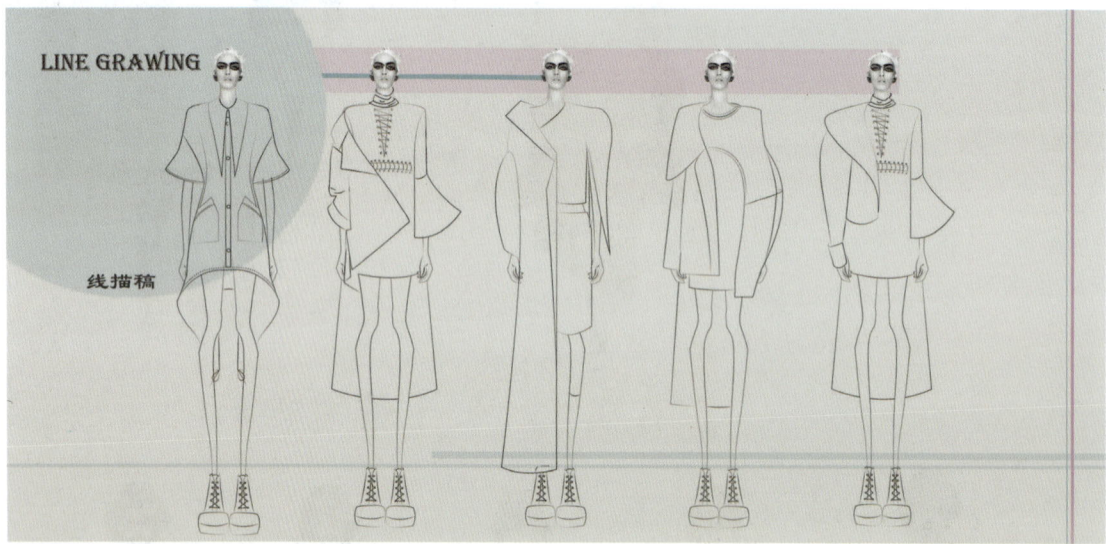

LINE GRAWING
线描稿

When Darkness Fall, Evening Falls, Nightfall
Lights give prize……

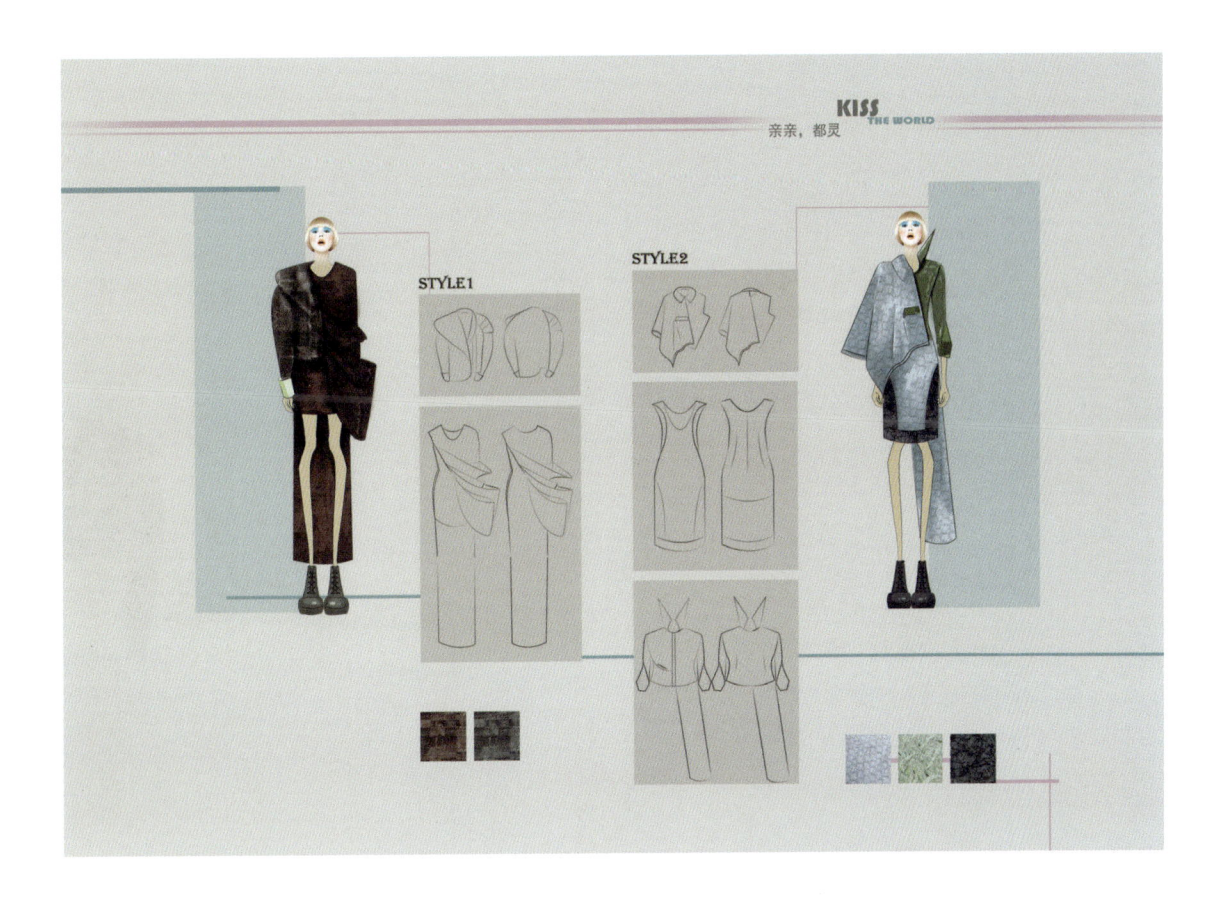

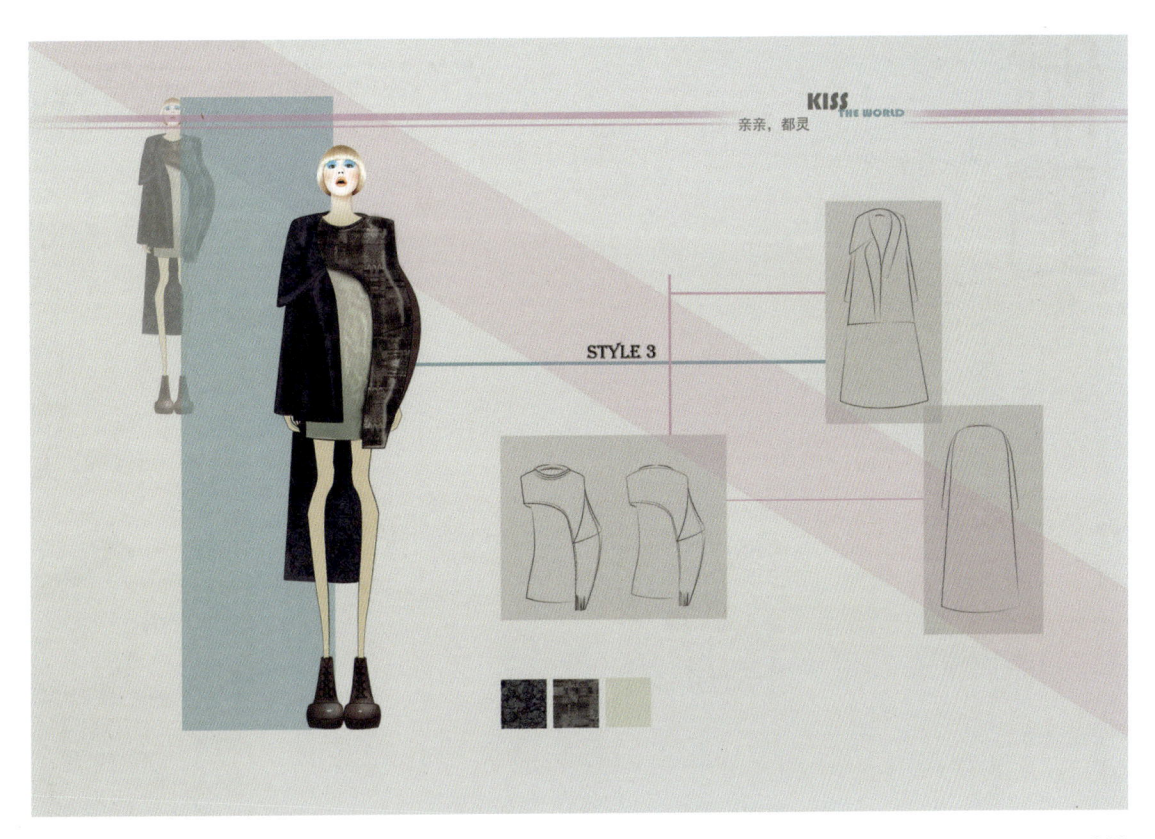

第二章 服装创意设计的能力培养与思维方式

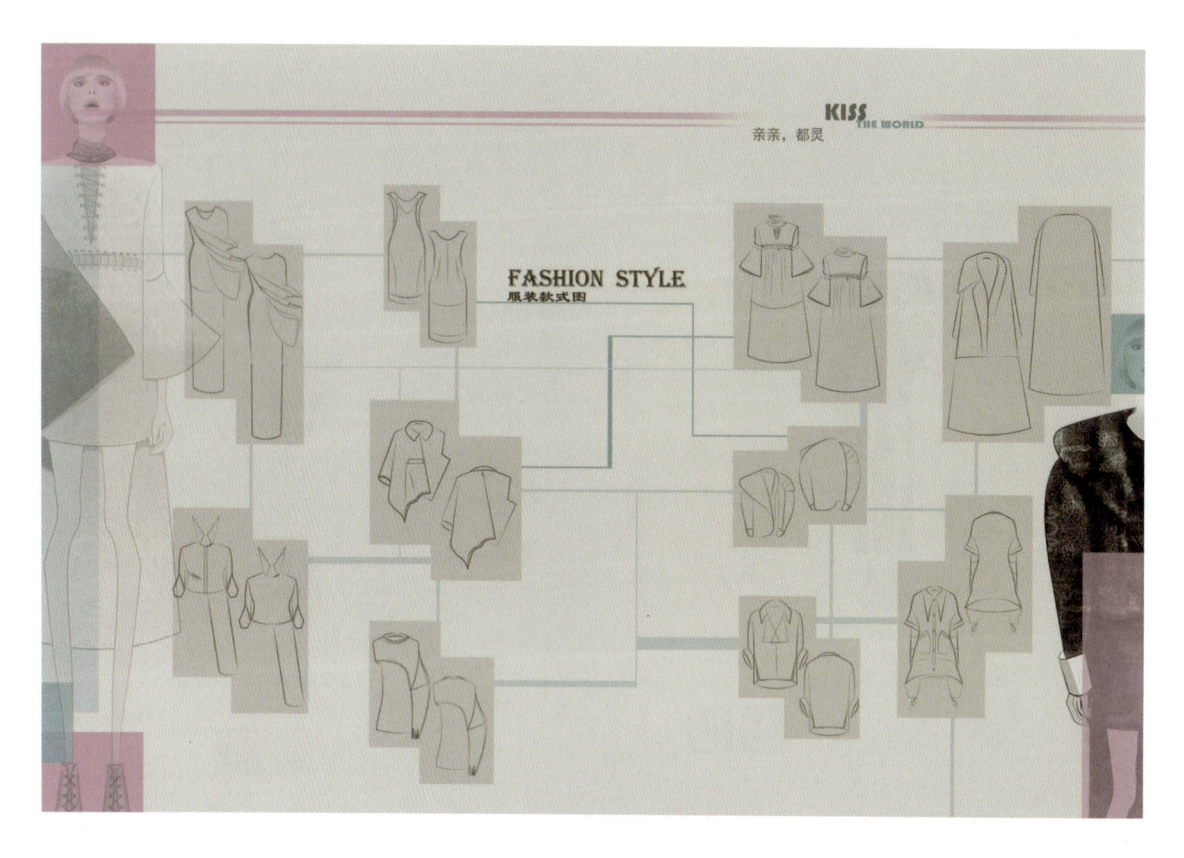

服装创意设计

亲亲，都灵

KISS THE WORLD

FASHION STYLE
服装款式图

作业实例二：

脉络

NAFA杯第十二届中国国际青年裘皮服装设计大赛
NAFA Cup · The 12th China International Youth Fur Fashion Design Competition
2016/2017裘皮服装流行趋势提案/设计说明——脉络

图案提取

大自然总是充满奇特的美，需要用心去细细观察，就像这藕断丝连的荷叶经络花纹，微妙，好看，它向大自然述说者它的独特，将它的纹理运用在服装上体现人与自然的紧密联系的和谐，共生，体现女性的柔美，自信，知性。

第二章 服装创意设计的能力培养与思维方式

NAFA杯第十二届中国国际青年裘皮服装设计大赛
NAFA Cup · The 12th China International Youth Fur Fashion Design Competition

脉络

NAFA杯第十二届中国国际青年裘皮服装设计大赛
NAFA Cup · The 12th China International Youth Fur Fashion Design Competition

2016/2017裘皮服装流行趋势提案/款式图——脉络

front　　back

全身效果图展示

款式说明：
中长款大衣外套，落肩袖，有拼接设计，下摆镂空设计，中长袖款，大翻领，配七分长裤大衣上面运用荷叶筋脉纹样巧妙分割，整体成衣化，大方，简约。

服装创意设计

2016/2017裘皮服装流行趋势提案/款式图——脉络

NAFA杯第十二届中国国际青年裘皮服装设计大赛
NAFA Cup · The 12th China International Youth Fur Fashion Design Competition

front　back

镂空设计

款式说明：
收腰，大图袋的设计，镂空口袋。中短袖款，配阔腿大长裙裤
侧面运用荷叶筋脉纹样分割，与结构线的巧妙结合，精短上衣陪长裤，精干，显身材

全身侧面展示

2016/2017裘皮服装流行趋势提案/款式图——脉络

NAFA杯第十二届中国国际青年裘皮服装设计大赛
NAFA Cup · The 12th China International Youth Fur Fashion Design Competition

front　back

全身效果图展示

款式说明：
长宽大衣，短外层镂空设计，中间接皮，
大长毛袖，长裤或短裙子大图袋的设计，

方法与应用

从服装构成要素到创意设计

课程名称：从服装构成要素到创意设计

课程内容：以廓型为突破点
　　　　　　以细节为突破点
　　　　　　以结构为突破点
　　　　　　以面料为突破点
　　　　　　以色彩与图案为突破点

课程时间：20课时

教学目的：了解进行服装创意设计的不同切入角度，掌握从某个或某几个构成要素进行服装创意设计的方法与技巧，达到灵活表达设计思想的目的。

教学方式：多媒体理论讲授与范例解析。

教学要求：1. 以服装设计原理为先修知识。
　　　　　　2. 紧跟教学和实践的思路与要求。
　　　　　　3. 能够从不同角度灵活应用服装创意设计的方法。

第三章
从服装构成要素到创意设计

对一款完整的服装而言，构成要素主要有廓型、细节、结构、面料、色彩与图案等方面，而进行服装创意设计，可以从某一个或某几个构成要素切入。如图 3-1 所示的 Phillip lim 2016 秋冬作品，分别以图案、细节（领）、面料为突破点来表达主题思想。图 3-2 所示 Baja east 2016 秋冬的概念主义作品，具有结构性的廓型与剪裁，也是这场时装秀的创意所在。这正是那种能够真正推动时尚向前发展的东西，包括真实的和暗示的，如果在未来能够看到，将是让人高兴的。

图 3-1

图 3-2

第一节 以廓型为突破点

一、服装廓型概述

服装廓型是以人体为依托而形成的,因其对身体部位强调和掩盖的程度不同,形成了不同的廓型。在服装设计中,常以法国时装设计大师克里斯汀·迪奥(Christian Dior)推出的字母型来命名服装廓型,如 X 型、T 型、O 型、H 型、V 型、Y 型、A 型等。

1. X 廓型

X 廓型的服装强调腰部的收紧,与肩和臀部造型形成对比,具有明显的女性身体曲线特征,给人以女性化含蓄、优雅的感受。X 廓型广泛应用于女装设计中,如图 3-3 所示的 Dior 2013 春夏女装,为典型的 X 廓型。

2. T 廓型

T 廓型的服装肩部平直,至腰、臀、摆部呈直线状,具有坚定、权势、独立、平稳之感。如图 3-4 所示为 Mugler 2012 秋冬的作品,肩部造型宽阔平直,表现出一种 T 廓型的力量感,线条挺秀,给予服装强烈的视觉冲击力,权威而又内涵丰富,体现出大女人的形象。

图 3-3　　　　　　　　　　　　图 3-4

3. O 廓型

O 廓型服装的主要特征，通常是溜肩设计、不收腰且多夸大腰部围度，下摆略收，整个外形呈弧线状，饱满、圆润、充实、柔和。如图 3-5 所示为 Balenciaga 2015 秋冬时装作品，应用 O 廓型，传达出放松、舒适的着装状态。

4. H 廓型

H 廓型服装的肩、腰、臀的围度接近一致，不收腰、不放摆，掩盖了人体腰身的曲线特点，整体呈现顺直、流畅的造型，给人以修长、肯定、庄严向上、舒展的视觉感受。如图 3-6 所示为 Etudes 2015 春夏男装系列和 Coloros 2015 春夏时装作品，笔直的外形线，简洁、干练。

5. V 廓型

V 廓型的服装上宽下窄，横向夸张的肩部，至腰、臀、摆部缓慢收紧，个性鲜明、锋利、挫折、运动，常用于男装及夸张肩部设计的时尚女装中。如图 3-7 所示，作品体现出 V 廓型的扩张与收缩。

图 3-5

Etudes 2015 SS Coloros 2015 SS 图 3-7

图 3-6

6. Y 廓型

Y 廓型与 V 廓型在造型上的相同之处为肩部的横向扩张，不同之处是 Y 廓型从胸、腰、臀至摆部，呈 II 状，个性鲜明，修长、有张力、耐人寻味，常应用于时尚女装、创意女装设计中。如图 3-8 所示的 Marni 2015 春夏和 Rick Owens 2011/2012 秋冬作品，为运用 Y 廓型表达设计理念。

Marni 2015 SS　　　　　　　Rick Owens 2011/2012AW

图 3-8

7. A 廓型

A 廓型与 V 廓型在造型特征上正好相反，肩或胸部合体，由此向下至下摆逐渐展开，形如字母 A，给人以稳定、活泼、锐利、崇高之感。

廓型是服装造型的基础，廓型的塑造，直接影响着服装的整体视觉效果。因此，以廓型为突破点进行创意，是服装创意设计的有效途径。

二、廓型创意设计

廓型设计，一般是对迪奥先生所创造的字母型廓型的直接运用或设计一些象形的廓型，如郁金香花型、钟型等，这样的设计往往适用于对廓型概念化、简单化的表达，除此之外，在许多设计中，也需要对廓型进行突破性、创意性的表达。

1. 修饰人体自然美的廓型设计

服装的基本功能之一是修饰与掩盖，体现人体的自然美。服装是人体外在美的表现形式，在通过人体表达美的造型的同时，更重要的是用造型来修饰与美化人体。人体各个部位的构成都存在一定的比例关系，如身长与中腰位、身长与臀位、膝位与中腰位、手臂长与身长、肩位与颈长、脚踝与胫骨等一系列的纵向比例关系，以及肩宽、胸围、腰围、臀围、四肢围等相互之间的横向比例关系等，都直接影响着服装造型对人体美的表达。人体优美的曲线与比例可以通过服装廓型来强调，同时，比例不协调、线条不优美的人体特点也可以通过廓型来掩盖和修饰。

对于标准的女性体，整体轮廓以正面匀称的漏斗型和侧面流畅的 S 型作为审美标准，局部以柔美的肩线、丰满的胸型、圆润的臀型、修长顺直的四肢、颀长的脖颈为美。因此，以修饰人体自然美为目的的服装廓型一般选择符合人体的 X 廓型、S 廓型和流畅的 A 廓型。如图 3-9 所示，左图选择 A 廓型表达女性温婉的自然美，中图应用 S 廓型传递出女性细腰丰臀耸胸形成的曲线美，右图的廓型特点是收紧腰部的 X 廓型，体现出女性的本色美。

Creatures of the wind 2016 SS 　　　Brandon 2016 SS 　　　Delpozo 2016 AW

图 3-9

对于男性的标准体态，整体轮廓以上宽下窄的倒三角形为审美标准，局部以宽阔的肩膀、浑厚的胸廓、结实的臀部、健硕的四肢为美。在廓型设计中，常采用 T 型、H 型来表现，如图 3-10 所示，分别应用 H 型和 T 型表达男性的力量与阳刚之气。

2. 对基本廓型的强调与夸张

服装不仅可以表现人体的自然美，还常常用来强调与夸张人体局部，产生强烈的视觉对比效果。如强调收腰的廓型设计，可以在腰部进行极致的收腰处理，也可以在收腰的同时，利用对比关系，夸张肩、胸、臀、下摆的廓型，形成夸张的创意 X 廓型。如图 3-11 所示，左图对肩部和臀及下摆进行了夸张处理，右图只对肩部进行了夸张，三幅作品都是以 X 廓型为原型，通过不同的局部夸张，与收紧的腰部形成鲜明对比，视觉效果醒目、强烈，女性体

Valentino 2016 AW　　　　　　　　　　　　　Valentino 2016 SS

图 3-10

Dlpozo 2016　　　　　　　　　　　　Paco Rabanne 2012

图 3-11

形特征更为明显。以此类推,其他基本廓型设计也可以遵循对比原则,根据人体特点进行局部强调与夸张处理,形成新的创意廓型。

3. 廓型的组合应用

在廓型创意设计中,可以对某一种廓型进行直接应用或夸张应用,也可以将几种廓型组合应用,突破单一廓型的造型特点,产生新的外廓型,使服装形态更加丰富多变,从而更好地满足设计师对设计理念的表达,适应多变的服装潮流。如图3-12所示为A廓型与H廓型的组合应用,产生了很好的服装外轮廓收放关系,统一中体现变化,廓型感清晰。

4. 用细节塑造廓型

廓型创意设计,可以从整体轮廓来考虑,也可以通过局部细节的设计来塑造,产生视觉上收放、张弛的效果。廓型创意的细节可以是服装的任何部位,但前提是应该遵循均衡、协调、统一、韵律等体现服装整体美的规律。如图3-13

图 3-12

图 3-13

所示,左图通过左侧服装线条塑造了清晰的廓型;右图通过对肩部的造型设计,形成了鲜明的服装廓型。

5. "离开"人体的廓型设计

服装以人体为基准,但服装廓型也可以不完全依照人体的自然形态而塑造。在设计过程中,通过填充物、结构设计等手段制作出服装"离开"人体的造型,即在人体上再创造出一个型,表达出对服装与人体关系的另一种理解。这个"离开"可以是在服装包裹人体的基础上,夸大某一部位的造型,形成"离开"人体的空间量,从而塑造出创造性的廓型。如图3-14所示,服装不同程度的在局部"离开"人体,打破传统的廓型,形成新的廓型使服装具有极强的量感和饱满度。"离开"还可以有另一种可能,即不以包裹人体为条件,而以人体作为一个支撑面或依托面,形成离开人体的独立空间,在人之上服装局部呈现出离开人体的状态,引人注目(图3-14右图)。

图3-14

第二节 以细节为突破点

细节设计是进行服装创意设计重要的突破点，表现在服装的诸多方面，如衣领、衣袖、口袋、门襟、下摆、设计元素等。

一、从衣领切入

衣领是被覆于人体颈部的服装部件，对颈部起保护作用，同时具有凸显颈部美感、修饰面部的装饰作用。衣领处于人们视觉范围内的敏感部位，是上衣设计的重点。

衣领的类型有很多，一般分为无领、立领、翻领及创意领型。

1. 无领与创意设计

无领，是一种没有领身，只有领圈的领型。无领主要有一字领、V字领、圆领、方领等，结构比较简单，但不同的领圈形状、装饰、工艺等，对服装造型的视觉效果影响却很大。

（1）领圈形态：领圈有宽度、深度、形状及角度上的变化，如图3-15所示的作品，以领圈变化为创意突破点，强调了领圈形状的设计变化，设计点突出。

图 3-15

（2）领圈装饰：有贴边、绣花、镂空、拼色、加褶等手法，如图3-16所示的作品，利用绣花、镂空加强装饰变化，实用、美观。

（3）领圈开衩：一般是功能的需要。领圈比较大的领型，可以没有开衩设计，若领圈较小且面料没有弹性，则必须设置开衩，以便服装穿脱自如。所以开衩也可以是无领创意设计的一个方面，如开衩的形态、制作工艺等。

图3-16

2. 立领与创意设计

立领，指衣领呈直立状态的领型，防风保暖的功能极强。

立领创意设计思路：

（1）领下口线变化：立领的领下口线，即领片与衣身领窝缝合的下缘线。一般情况下，领窝弧线与领下口线是吻合的，领下口线的变化是由领窝弧线的变化所引导的，所以在造型上领下口线的状态更多的是由领窝弧线的状态所决定的。相对于围绕颈根围的基础领窝弧线来说，变化领窝弧线可以有加宽、加深、改变形态等几个方面。如图3-17所示，左图的领窝弧线横向扩展，中图为不对称的领窝弧线，均形成远离颈部的开阔型立领。除此之外，还可与其他领型相结合，如图3-17所示的右图作品，将立领与驳领相结合，创意感十足。

（2）领片造型变化：领片是立领的主体，变化空间也较大。首先，可以改变领片上口线的形状，如弧线型、直线型、折线形、不对称型、不规则型等；其次，可以改变领片的形态，

图 3-17

如增加或降低高度、平面与立体、直立形态等。

（3）开口变化：立领造型为了穿脱方便，常常会在前中或其他部位进行开口设计，开口的位置及造型也是立领创意设计的一个重要元素。开口位置可以设计在侧身、后身、前身等围绕颈部的任何位置；开口的扣合形式有多种，如不扣合、拉链扣合、纽扣扣合、系带扣合等方式。

3. 翻领与创意设计

翻领，指翻在底领外侧的领片造型。翻领造型中的底领，一般处于直立状态，类同于立领，因此底领的设计思路可以参考立领的设计思路，下面重点分析翻领部分的创意设计思路。

（1）领口变化：翻领的领口造型是由底领的上口线和翻领的上口线共同决定的。领口造型可以在横向、纵向、形状等方面进行创意变化设计。如横向开口比较大的一字型翻领、纵向开口比较深的V字型翻领，还有开口为U字型、圆型等翻领。

（2）翻领领片变化：翻领的领片是翻领创意造型的主要设计点，可以变宽、变窄、变大、变形状、变数量以及对称与否等。如图 3-18 所示的作品，分别通过加宽领片、领片抽褶、不对称领片的设计，达到整体、和谐、美观的视觉效果。

（3）开口变化：开口有前开、侧开、后开等位置的变化，还有系扣、拉链、系带等不同扣合方式的设计与选择，如图 3-19 所示。

4. 翻驳领与创意设计

翻驳领，指带有翻领和驳头的一类领型，也常常叫做西装领。翻驳领是一种开放型衣

图 3-18

图 3-19

领，通风、透气，应用范围较广。

翻驳领创意设计思路主要有以下几点：

（1）翻领设计：翻驳领的翻领造型设计思路可以参考翻领的设计思路。

（2）驳头设计：驳头可加宽、变窄、拉长、改变外形，可以与翻领片连接，也可以不连接，还可以增加驳头数量、改变串口线的位置等。如图3-20所示的作品，分别增加了驳头的数量、改变了驳头的形状，以强调驳头变化为创意点。

（3）翻驳点设计：也称为驳口点，其位置决定了翻驳领的领深。翻驳点设计的垂直位置最高可以高出颈侧点，最低可以低至服装的下摆线，水平位置可以在衣身的任意位置，因此翻折点的设计非常灵活。

（4）串口线设计：串口线是翻领与驳头连接的一条共用的造型线，其位置、角度、长短等都是创意设计可以选择的因素。

如果没有串口线，即翻领与驳头完全连在一

图 3-20

起，习惯上称其为青果领，创意设计思路可以参考前三点。

5. 创意衣领设计

前面介绍的几种领型，都是最基本、最常用的衣领构成形式。尽管每一种基本领型都可以衍生变化设计出许多全新的领型，但仍不能囊括衣领的全部。衣领的创意设计可以依据已经存在的常规领型进行创新设计，也可以自由创意设计，设计出一些无名无姓、不像衣领的衣领。

创意衣领的设计思路灵活，没有太多的框架限制。可以就衣领的造型进行创意性变化设计，也可以从衣领与衣身、肩袖等之间的关系入手进行创意设计。如图3-21所示的两幅作品，不属于基础衣领中的哪一种领

图 3-21

型，但却是衣领的设计，是一种创意领型的设计。

二、从衣袖切入

衣袖是上装面积较大的构成要素，衣袖的创意变化对上装的整体造型具有较大的影响。以衣袖为突破点进行创意设计，同样必须了解与把握衣袖创意设计的思路与方法。

1. 无袖与创意设计

无袖的造型，在服装上是由袖窿弧线来体现的，因此袖窿弧线的造型即为无袖的造型。

（1）改变基础袖窿弧线的位置、形状：基础袖窿弧线是围绕着臂根围，从肩峰处露出整个手臂的造型。改变袖窿弧线的位置与形状，可以呈现出造型各异的无袖创意设计，如图3-22所示。

图 3-22

（2）结合衣领或衣身设计改变袖窿弧线：通过对衣领或衣身的设计，形成无袖的创意袖窿线。如图3-23所示，通过衣领和衣身的巧妙结合，产生了别致的袖窿弧线造型，完成无袖的创意设计。

2. 装袖与创意设计

装袖，是根据人体肩部与手臂的结构关系而设计的最符合肩部造型的合体袖型，最具立体感，由袖窿、袖山、袖身、袖口构成。装袖是袖子设计中应用最广泛的袖型，也是进行创意设计空间最大的袖型。

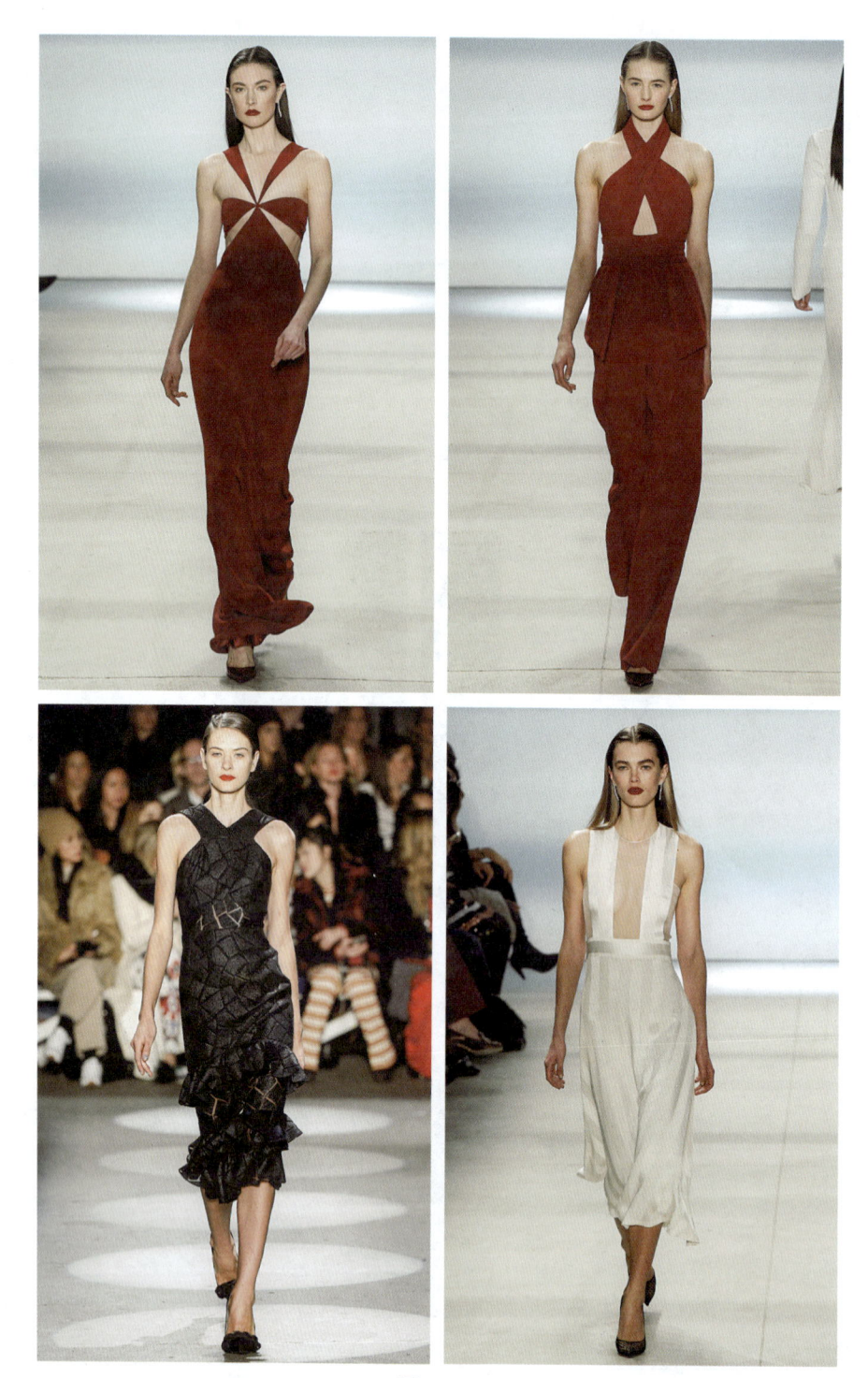

图 3-23

（1）袖口创意设计：袖口是袖身下口的边沿部位，可以从袖口的大小、位置、造型、工艺、装饰等几个方面进行创意设计。如图 3-24 所示，左图作品以袖口设计为切入点，通过采用开衩工艺加大袖口围度；右图作品则是通过夸张袖口翻边的造型形成服装的创意点。

（2）袖身创意设计：袖身是袖子包裹手臂的主体部分，可以从袖身的廓型、分割、装饰等几个方面进行创意设计（图3-25）。

图3-24

图3-25

（3）袖山创意设计：从衣袖造型上来说，袖山指袖片上部呈凸出状并与衣身处相缝合的部位。在袖山造型中，袖山弧线与袖窿弧线是一种对位关系，相互制约、相互补充，所以在袖山的创意设计思路中，可以改变袖窿弧线与袖山弧线的位置与形态、附加装饰、工艺处理等，从而塑造出不一样的袖山造型（图3-26）。

图3-26

袖山是衣袖与衣身连接的部位，对服装穿着的舒适性、功能性等起着至关重要的作用，所以袖山的创意设计在考虑造型的同时，要兼顾功能性与舒适性。

3. 插肩袖与创意设计

插肩袖，是衣袖与衣身肩处相连的一种袖型，常用于休闲外套、大衣、针织服装中。标志性符号就是有插肩线，也是插肩袖创意设计的重点之一，袖口与袖身的创意设计类同于装袖。如图 3-27 所示，分别将插肩线移位于前中线与侧缝线上，产生极具新意的插肩袖造型。

4. 连袖与创意设计

连袖，指衣袖与衣身相连的造型，是中式服装常用的形式。由于连袖的造型弱化了衣袖与衣身的结构关系，一般较为宽松，在连袖的创意设计中，受人体运动的制约较小，因此设计空间较为自由与宽阔（图 3-28）。

图 3-27

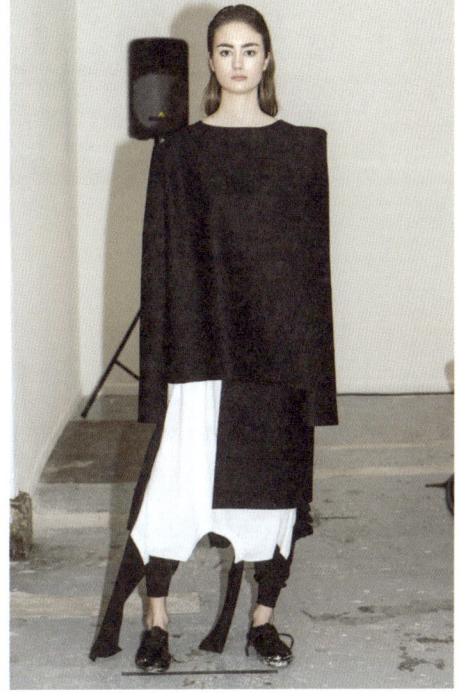

图 3-28

5. 衣袖的综合创意设计

衣袖分不同的类型,每个类型也有不同的构成元素。在服装创意设计中,可以针对某一个类型、某一个元素进行创意设计,也可以将几种袖型、几个构成元素结合起来进行创意设计。如图3-29所示的Bernhard willhelm 2016春夏作品,衣袖的设计综合了袖山、袖身、袖口以及袖型的创意设计思路。

图3-29

三、从其他细节切入

1. 口袋

口袋是服装上的重要构成要素,可作为服装创意设计的突破点。口袋的创意设计思路可以考虑口袋自身的造型、口袋类别、口袋与衣身的结合关系等方面。如图3-30所示,左图从袋位进行了创意突破,右图则是将口袋融入衣身的结构设计中进行了创意。

2. 门襟

门襟指上装或裤子、裙子朝前正中的开襟或开缝、开衩部位。通常门襟处要装拉链、纽扣、魔术贴等。门襟有全门襟和半门襟的区别,通常衬衫、夹克、西服、大衣等都是全门襟,T恤、裤子、裙子等都是半门襟。从工艺上分,门襟分为明门襟、暗门襟、假门襟。

图 3-30

门襟的创意设计可切入点很多，例如门襟的位置、形态、数量，纽扣的多少、形态、排列方式，门襟的扣合方式等（图 3-31）。

3. 其他

服装细节除了口袋、门襟，还包括下摆等，设计元素有褶裥、分割线等，配饰有腰带、扣袢、装饰等，这些细节均可以作为服装创意设计的切入点，以表达设计意图与款式的创意点。

图 3-31

图 3-31

进行服装创意设计时,可以侧重一个方面,如口袋、袖口、门襟等部位,既可以进行少即是多的创意,也可以几个方面综合运用进行创意设计。如图 3-32 所示,中图和右图作品从衣领、门襟、袖口、纽扣、下摆几个部位进行了综合创意设计。

图 3-32

第三节 以结构为突破点

服装结构设计，指根据服装造型设计所确定的服装廓型、细部造型等，结合人体尺寸进行量化分析、转化和分解为平面的衣片，并体现出衣片的数量、形状、衣片之间的吻合关系等。服装结构设计过程体现的是服装立体形态与平面图形态之间的关系。服装结构设计具有两方面的功能：其一，服装结构设计是将服装的款式图比较准确、合理地进行实物转化的关键环节；其二，服装结构设计作为服装构成要素之一，还可以是服装创意设计的切入点。本节重点分析后者。

以服装结构设计作为切入点，进行符合服装功能与造型审美的服装创意设计，可以从以下几个方面考虑。

1. 延伸结构图中的结构线形成新的细节造型

（1）延伸结构图中的结构线形成新的细节创意设计点：延长服装结构图中原有的一条或几条结构线，在保留原有细节的同时形成新的细节，可以对原有款式进行有设计感的点缀、加强和创新。如图3-33、图3-34所示，以中山装的结构创意设计为例，在传统中山装结构图的基础上，将胸袋盖外缘线分别进行横向和纵向的延长，在保留原有袋盖造型的同时，形成了不同形态的过肩造型。经过有效的分割设计，在满足结构变化设计的同时，为工艺设计和面料设计，如面料拼接等提供了支持，丰富了设计的可能性。

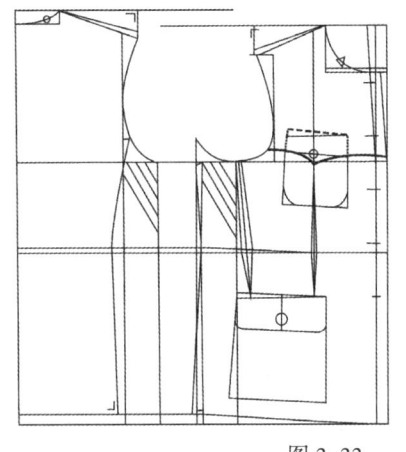

图 3-33

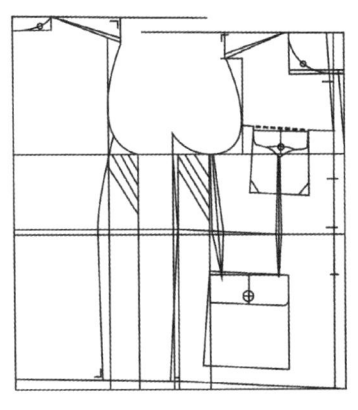

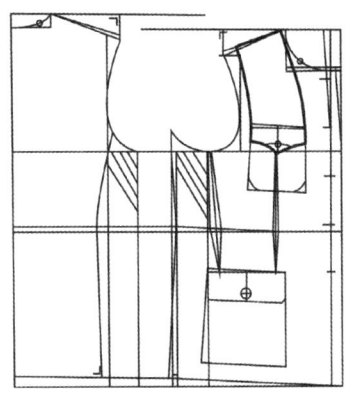

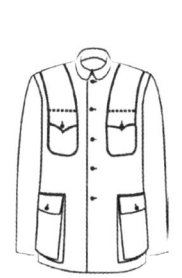

图 3-34

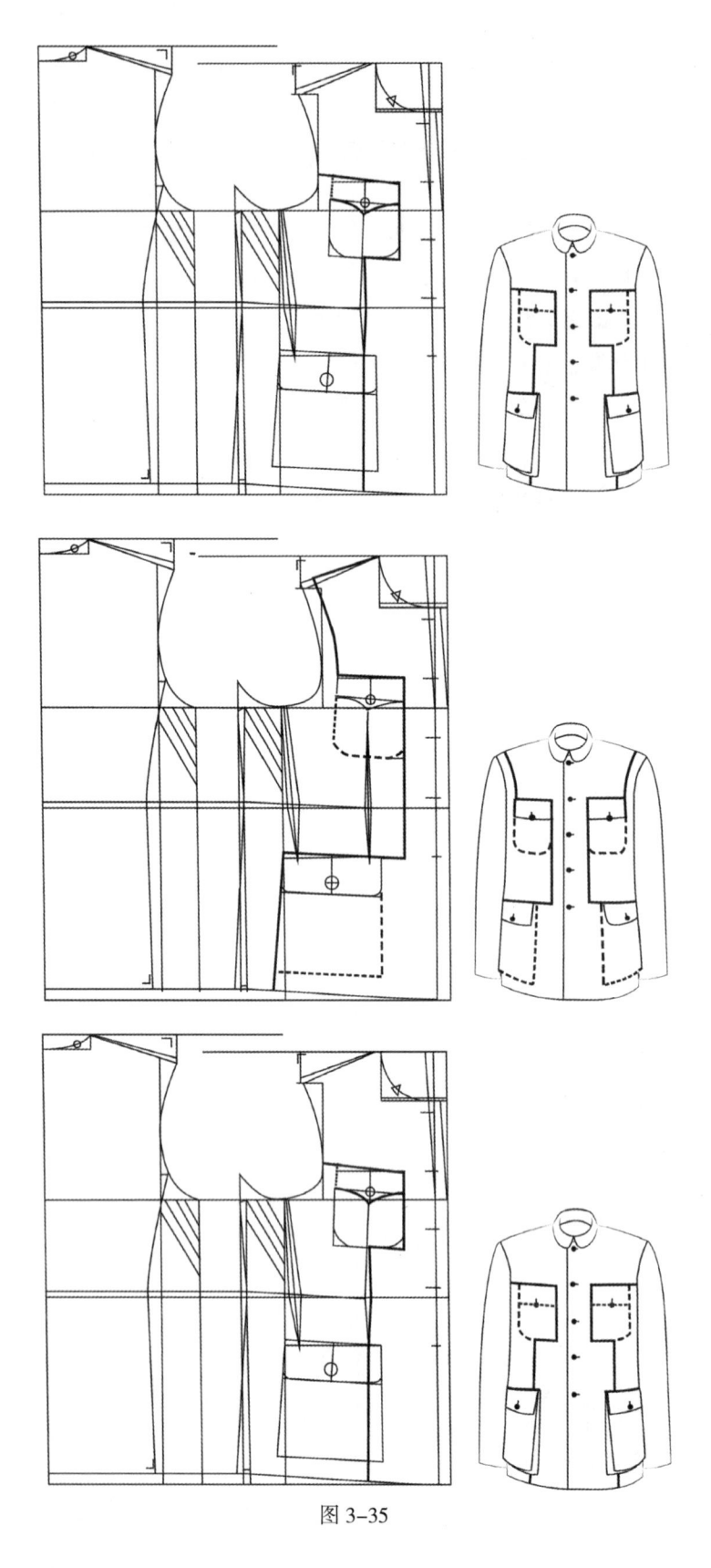

（2）延伸结构图中的结构线，与其他细节产生关联，形成新的结构创意设计点：改变或延长服装中原有的一条或几条结构线，同时与其他细节产生巧妙的联系，既不失功能性，又能产生新意。如图3-35所示，在保留中山装传统气质的基础上，延长中山装胸袋的某条基础结构线，分别与大袋产生关联，形成新的视觉点；再如图3-36所示，将传统男衬衫的过肩，在结构图中进行不同程度的下移，与原有的胸袋产生关联，同样形成新的结构创意设计点，打破了传统的过肩设计，并使细节设计与服装整体融合得更加巧妙。同样思路，可以在各类款式风格的服装结构图上，进行符合设计需要的任意细节之间的关联，如图3-37所示，将过肩与胸袋、插肩袖进行关联设计；图3-38所示，将胸袋分别与插袋、门襟进行关联设计。

（3）延伸结构图中的结构线改变其位置或造型，形成新的结构创意设计点：如图3-39所示，将中山装的门襟、胸袋袋盖作延伸和移位，同样将衬衫的胸袋袋盖作变化设计，形成新的细节设计点。

图3-35

图 3-36

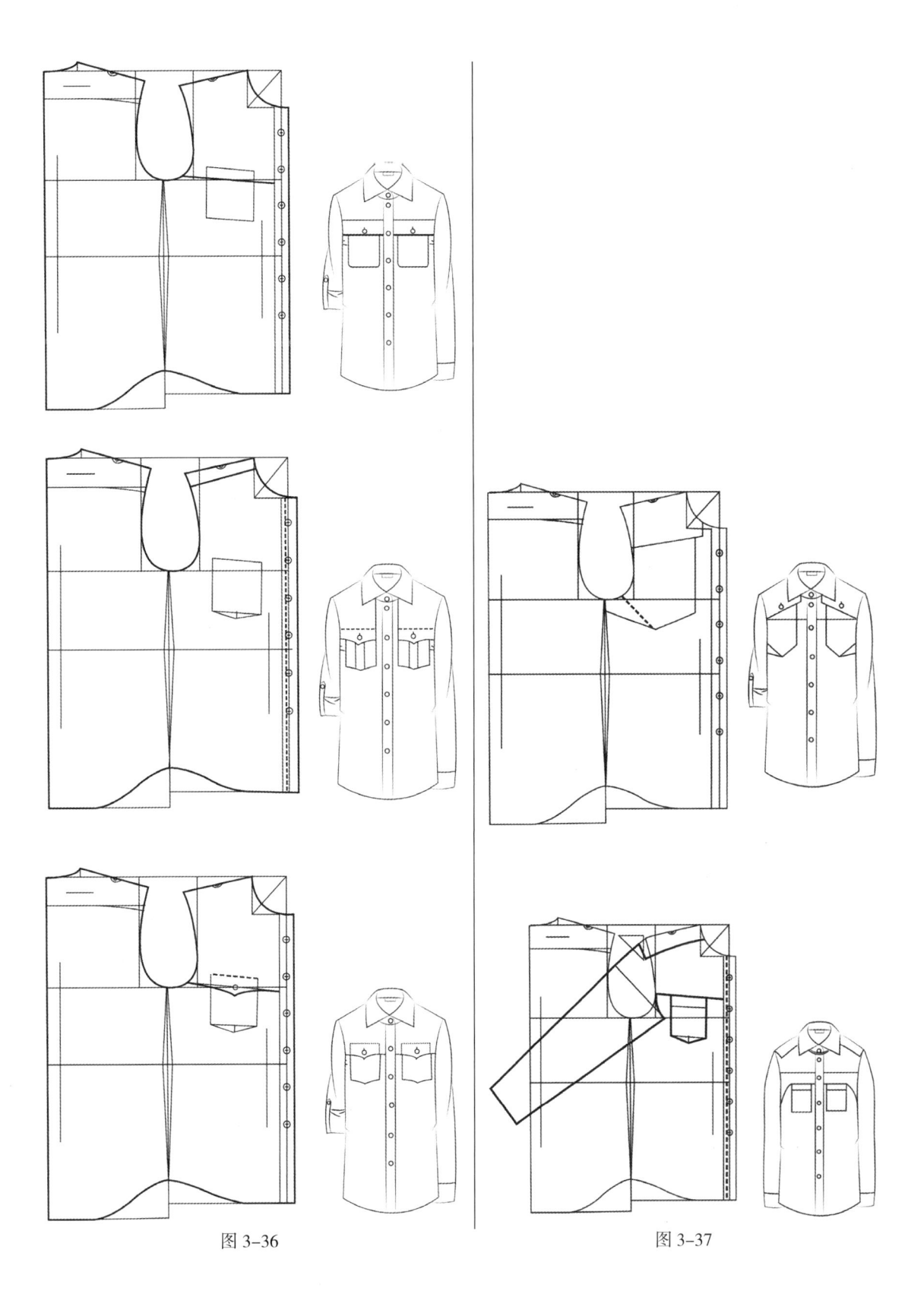

图 3-37

图 3-38

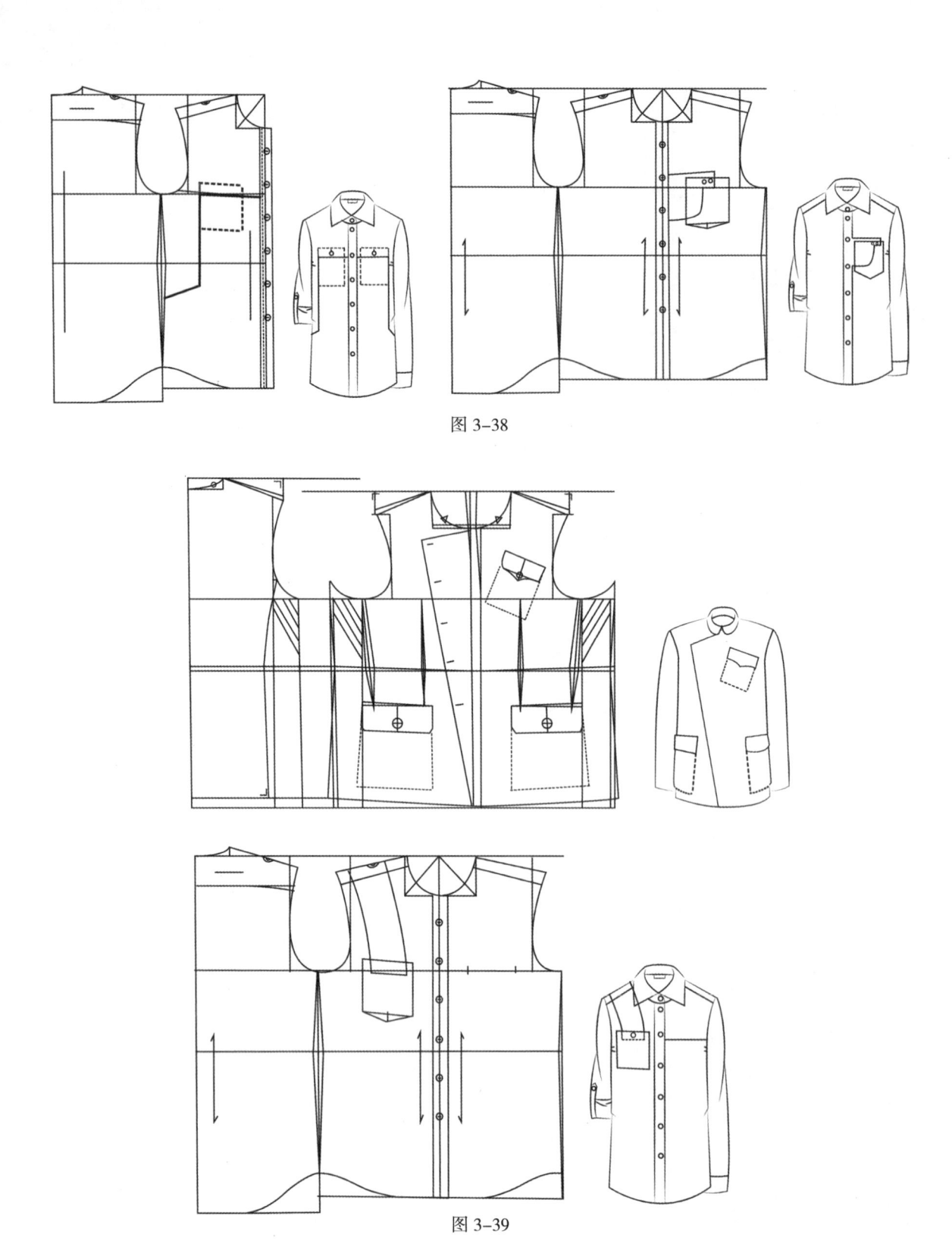

图 3-39

2. 延伸结构图中的裁片形成新的造型

如图 3-40 所示，将纵向公主线分割后的衣身侧片在横向分割线处向下延伸，与口袋的造型产生关联。如图 3-41 所示,延长连衣裙中公主线形成的衣片,分别在胸袋位与腰节位进行折返,构成袋盖与腰带袢,形成具有新意的细节设计。

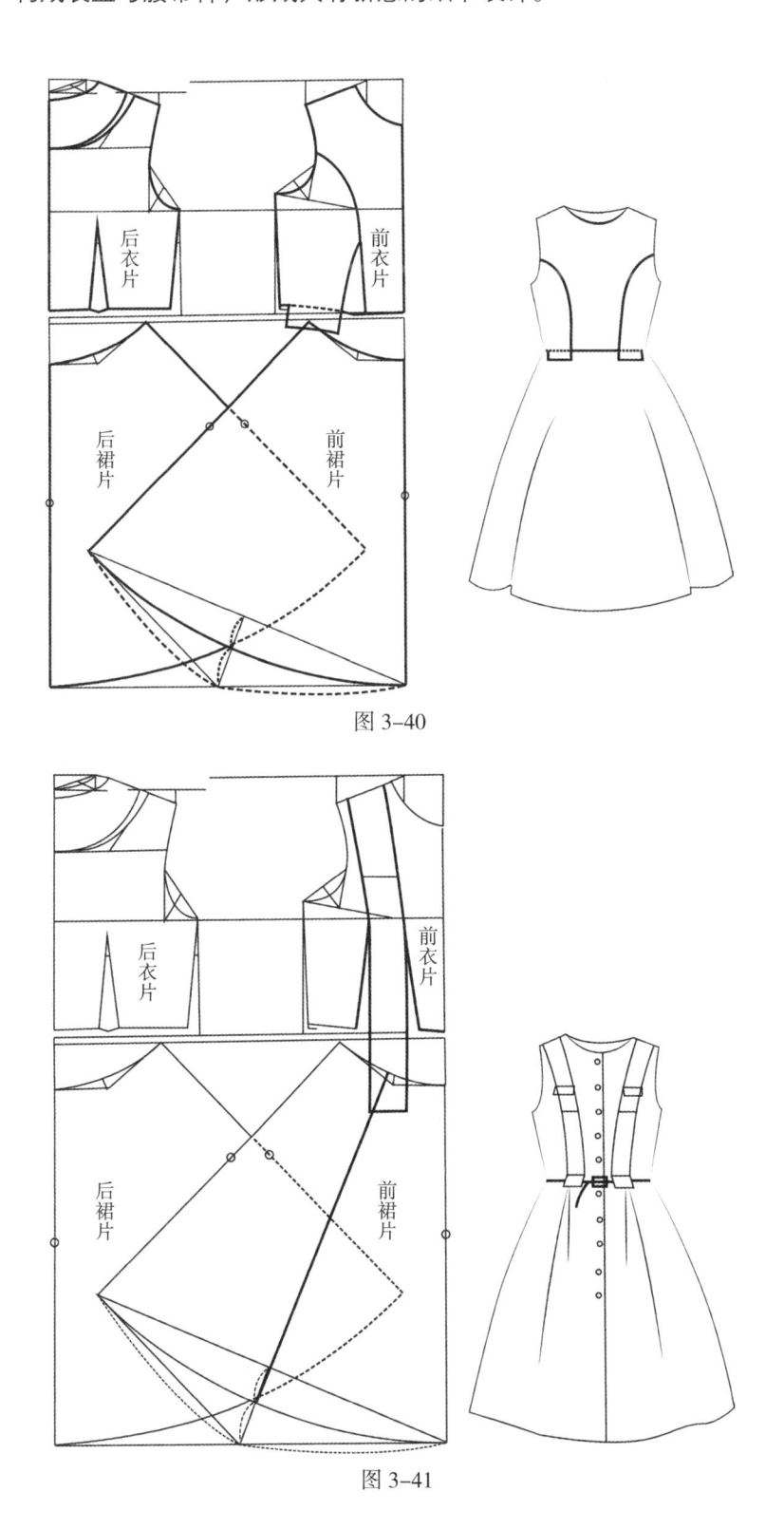

图 3-40

图 3-41

3. 移动结构图上的衣片形成新的造型

将服装结构图上某一衣片移位,产生错位效果,形成新的造型。如图3-42所示,将连衣裙侧裙片在断腰部位向下平移4cm,形成镂空效果的新造型。

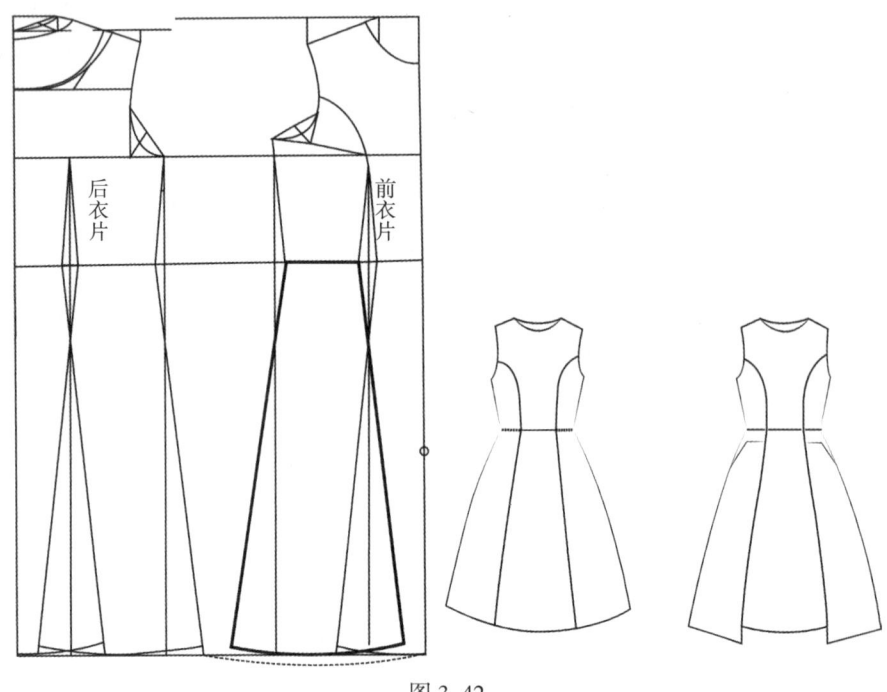

图3-42

4. 缩短结构线形成新的造型

如图3-43所示,将中山装前衣身下摆部分缩短,与原有口袋的口袋布形成带有层次感的新造型。

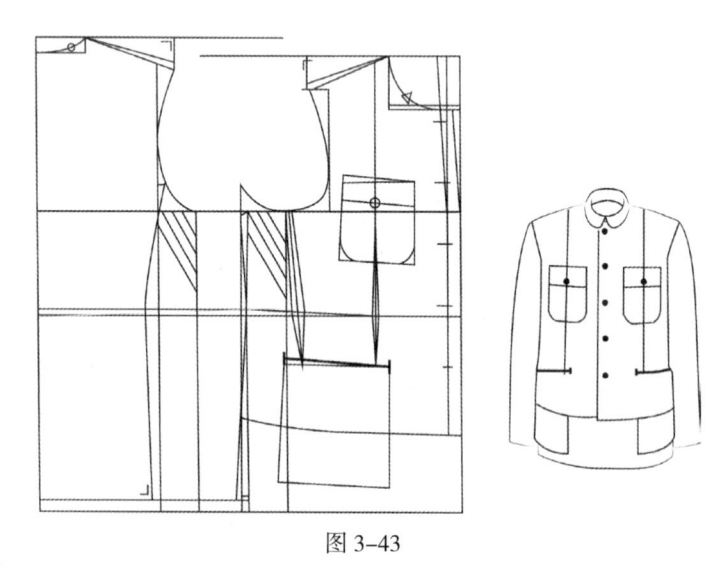

5. 综合运用各思路形成更有创意的新造型

在应用以上思路形成的造型基础上,再创造出更新的造型,并以此类推。

思路与方法的举例是有限的,但在此指引下的选择与结果是无限的。既可以改变单个结构元素进行创意,也可以多个结构元素联合变换。但无论怎样变换,都要做到元素与元素之间、结构线与结构线之间非常巧妙地结合,使装饰性与功能性兼备。

图3-43

从服装结构设计为切入点的创意设计,是丰富服装创意设计思维的一个很好的途径。虽然思维是自由变换的,但并不是盲目的,因为创意应该是一种有目的、有尝试、有愿景的思考。

第四节 以面料为突破点

如今，服装创意设计的探索已经超越色彩和质感而进入到注重触感的时代。在进行服装创意设计的过程中，面料的选择与创新是必不可少的。人们对服装的需求不仅仅只关注它看上去怎么样，更关注它摸上去是何感觉。

以面料为突破点进行服装创意设计，创意点是面料，无疑需要对面料进行创意性的思考、创新与应用。创意即具有新意，即摒弃或改变常规的思路。

一、选用非服用材质进行创意设计

非服用材料指不是经过纱线纺织而成的布料，而是一些我们日常生活中可见的但不会应用于服装生产的材料。如奶油、纸张、金属、塑料、玻璃、气球等材料，这些将在后面具体进行论述。同时，非服用材料大多以尖锐、锋利、易碎裂、易折断等特性存在，而这些特性与我们日常生活中所穿着服装的柔软特性是截然相反的。创意服装设计需要根据材料的具体特性及服装设计创意主题来选择不同的材料，通过一定的技术对材料进行特殊处理。例如塑料制品可以加热使其具有一定的可变形性；坚硬的纸板可以通过镂空雕刻的方法使其具有图案，并保证图案有一定的美感，同时还要保证创意服装具有可穿脱性。创意服装的焦点不再是日常服装的视觉表现，而是设计师一种新的设计理念的表达，是有一定舞台张力的服装表现，反映出一种多样化的设计理念和设计文化。在设计过程中，应尽量选用原生态的材料进行创意设计，同时进行大胆的服装设计构成，对服装进行分解后，依据美感重新进行排列组合，使服装更具完整性的表达。

1. 塑料材质

塑料本身具有一定的特点，透明、硬挺、反光、易塑形等，在服装设计创意中常常采用塑料材质表达环保、未来、高科技、梦幻等理念。但在实际运用中，因为塑料本身具有的容易变形、起皱、尺寸不稳定等因素，使用起来限制较多，所以需要采用特殊的工艺与手段进行处理（图3-44）。

2. 纸张

生活中，我们常见的纸张有牛皮纸、锡箔纸、打印纸、报纸、皱纹纸、拷贝纸、硫酸纸、卫生纸、宣纸、箱板纸等。这些纸张或者柔软细腻、或者粗糙硬挺、或者光滑明亮，各自具有不同的特性，在创意服装设计过程中具有很强的塑造性。如图3-45所示的作品，分别选用了报纸、卫生纸、硫酸纸、铜版纸作为面料，结合不同的工艺展现出服装的魅力。

图 3-44

图 3-45

3. 金属材质

金属光泽独特、质地坚硬、风格冷峻、具有力量感,是概念性创意服装可选的材料之一。由于其特殊的材料性能,在服装创意应用中,多采用锻造、切割、焊接、打孔等方式进行设计制作(图3-46)。

4. 天然材质

在进行服装设计过程中,天然材质也是作为服装材料的一种很好的选择。例如,羽毛质地轻盈、色彩华丽、触感温暖,树叶、花瓣形态各异、色彩丰富、清香逸人,木材、树皮纹理清晰、质感坚实、色泽古朴,等等。天然材质具有天然美丽的花纹、赏心悦目的色彩、触及心灵的肌理和造型,使得服装本身有不可比拟的美感效果。如图3-47所示的作品,分别以羽毛、树叶、花朵、木材作为服装面料的突破点,来体现服装的创意性。

5. 生活用品

生活中的任何物品都可以作为服装面料创意的来源,只要拥有一双善于发现美的眼睛,灵

图 3-46

图 3-47

活的思维，敢于突破、尝试，创意的灵感即会源源不断地涌现。如气球、便签贴、勺子、叉子、玩具等，都可以作为创意面料的元素。如图3-48所示的作品，给人耳目一新的视觉震撼。

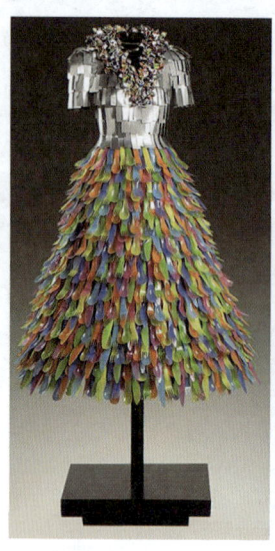

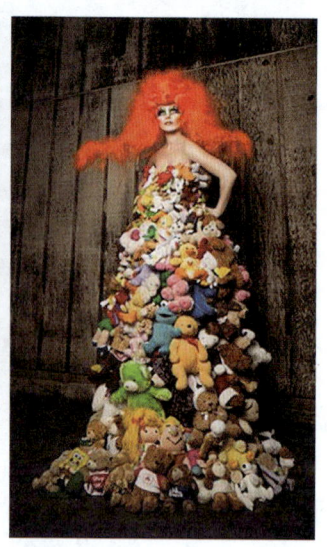

图3-48

6. 废物利用

从环保与可持续发展的角度，考虑废物的再利用再设计也是创意的一个方向，具有极高的价值与生态理念取向，也是未来发展的趋势。废物利用可以是再加工利用，也可以是直接利用，将废弃物品直接纳入设计策略，形成零浪费的可持续时装设计，能够在创作的同时保护环境。如利用报废汽车的安全带制作手包，利用裁剪剩余的布头、废旧衣服、矿泉水瓶、物品包装等进行服装创意的再应用，以减少浪费及对环境的负面影响（图3-49）。

图3-49

除了上述非服用材料以外，生活中还有很多材料可以用，如玻璃、橡胶、水果蔬菜、电子产品等。只要有创意性的思维，不同的材料就可以呈现出惊人的效果。非服用材料在创意服装中有着不可或缺的地位，具有广阔的创意空间。在设计过程中，需要特殊的制作工艺与思路来实现服装的造型与本质，这也需要我们逐步地发现与创新。

二、对服用材质的再创造

服用材质的再创造，也称为面料的二次设计，指根据设计需要，对成品面料进行二次工艺处理，使之产生新的艺术效果。其是设计师思想的延伸，具有无可比拟的创新性。材质再设计的方法有很多，可以采用已有的比较成熟的工艺与方法进行再造，也可以根据自己的设计需要与灵感进行前所未有的再造创意。常用的方法主要有以下几种：

1. 褶皱与重叠

（1）褶皱：指服装面料常常采用的一种肌理效果，其呈现形式有规律褶皱、自然褶皱等。采用的工艺也很多，如抽缩、折叠、熨烫、纳缝、系扎等，表现服装的或厚重或轻盈的量感、质感与廓型（图3-50）。

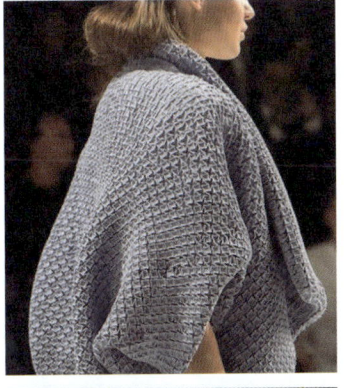

图 3-50

（2）重叠：面料的重叠，指把几种不同质感或色彩的面料进行叠加、重合，形成一种重重叠叠、互渗互透、虚实相间的别样效果，使服装产生层次感、丰满感和重量感。常见的面料重叠设计手法，有透明面料的重叠、不透明面料的重叠、透明面料与不透明面料的重叠等（图3-51）。

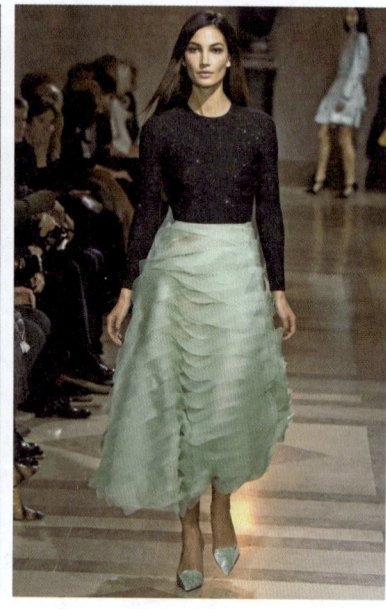

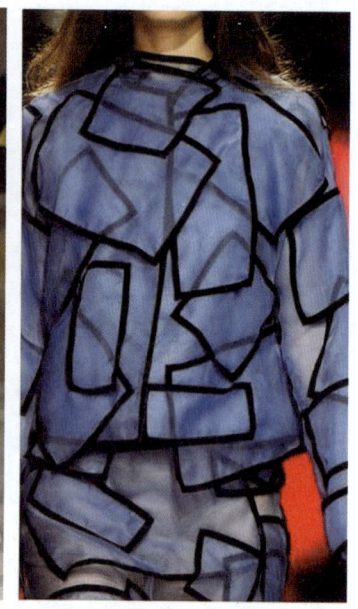

图3-51

2. 破坏与重塑

（1）破坏：指面料进行减法创意设计常用的形式，即将完整的形态有意识地加以破坏、分割，对事物的注意力则会因常态的消失而受到冲击。破坏是通过减缺、分割、解构重组的方式造成作品残缺不完整的形态，使观者在这种图形的信息传播过程中，造成视觉上的紧张与冲突，这种有意识的破坏以追求反向的审美趣味，形成独特的视觉感受。破坏的再造手法有火烧、腐蚀、镂空、雕刻、剪切、抽纱等（图3-52）。

（2）重塑：面料重塑指将原有面料的外观造型或组织结构，通过破坏、解构、编织、缠绕、堆砌、叠加、垂坠、缝合等手段进行重新塑造与组合，使面料呈现出一种具有立体状的效果（图3-53）。

3. 其他

服装材质再造手法非常多，除了以上提到的几种方法外，还可以通过各种各样的工艺手段赋予面料新的风格，如采用刺绣、镶嵌、填充等手段进行再造。只要对面料再造前进行充分了解与分析，并根据设计需求拓展思路，进行创意性的思考与尝试，就可以得到不同的表现手法与艺术性外观。这些再造手法经历了漫长的不断发展与完善的过程之后，逐渐形成了独特的创作思维与艺术魅力（图3-54）。

总而言之，服装材质的再创造是当今服装界十分流行的方法，它使许多材料重放异彩，别具人文价值。更重要的是，它打破了桎梏，激发了人们的创造力，为服装设计的创造性思维指出了一条新的表现之路，为现代服装艺术设计的发展提供了更广阔的发展空间。

图 3-52

图 3-53

图 3-54

第五节　以色彩与图案为突破点

色彩和图案在服装创意设计中起着先声夺人的作用，它以其无可替代的性质和特性传达着不同的视觉语言、释放着不同的情感，同时也起着传情达意的交流作用。在进行服装创意设计的过程中，我们不应仅关注单一色彩的运用，还需要关注图案的设计与运用。

一、以图案为突破点

图案设计的来源，可以是生活中的任何东西，如广阔的星空、浩瀚的海洋、蜿蜒起伏的山脉等。我们在运用这些素材的时候，不是直接运用，而是通过艺术手段，创造出符合现代审美趣味甚至更前卫的图案纹样，引领人们或者为人们创造一种全新的生活方式，如图3-55所示的作品，以竹子、山脉为素材，将两者进行了重新构成，并结合完成此图案的新工艺，令人眼前一亮。

以图案为突破点的创意设计，可以选择现成的图片直接应用于服装，也可以采用将图案局部截取或者局部放大、缩小、打破重组等手段，赋予图案以新意与灵魂，加强服装的创意。如图3-56所示的作品，分别以特殊视角的海浪、沙漠与天空、山脉为图案的来源，通过分解与重组等手段，强调了图案在服装上的创意点。

图 3-55

第三章 从服装构成要素到创意设计

图 3-56

二、以色彩为突破点

色彩是服装创意设计中不可缺少的要素之一。服装色彩在一定程度上完善、影响着服装的创意性。明亮的红色、活力四射的黄色、鲜艳的黄绿色和清凉的水蓝色,变化微妙且丰富,不同的色彩表现出不同的情感。例如,明亮的黄色可以无拘无束地让人感受每一个陌生的地方,给人一种愉快活力的气息,随时随地感受跳跃的气息,青春动力,活力十足;烈焰红色令人抛开一切束缚,自由翱翔;深青苔色,这种绿色既像蓝又像绿,是在池塘中提取的颜色,深绿泛乌有光泽,气质一等,明度较低,具有稳定、厚重的色彩感。

借鉴素材,提炼素材的色彩关系,选择色彩配比,通过对色彩运用、搭配的创意,达到服装整体设计的与众不同。如图3-57所示作品中的色彩搭配关系,提炼于素材中的花卉、背景色等方面。

图 3-57

运用色彩原理进行服装色彩搭配，也是通过色彩表达服装创意的一个有效途径。色彩原理包含色相、明度、纯度、面积、冷暖等，如图3-58所示的作品，运用色相与明度关系以及色相与面积关系，吸引人们的眼球，达到创意的目的。

服装图案与色彩的美感是通过人们的审美心理和视觉来感知的，再经过大脑的加工，产生审美的联想和象征，最后审美者得到了服装的美感体验，同时将对美的认识在服装上得以释放。因此，把握服装图案与色彩创意的思路，除了采用应有的原则与技巧，重点还在于设计者对自身美感与情操的陶冶与培养。

图 3-58

课后训练

作业名称：从构成要素到服装创意设计

要　　求：选择某一个或者几个构成要素，设计系列服装6款，以彩色电脑效果图表现。

内容包括：彩色效果图、款式图。

作业实例一：

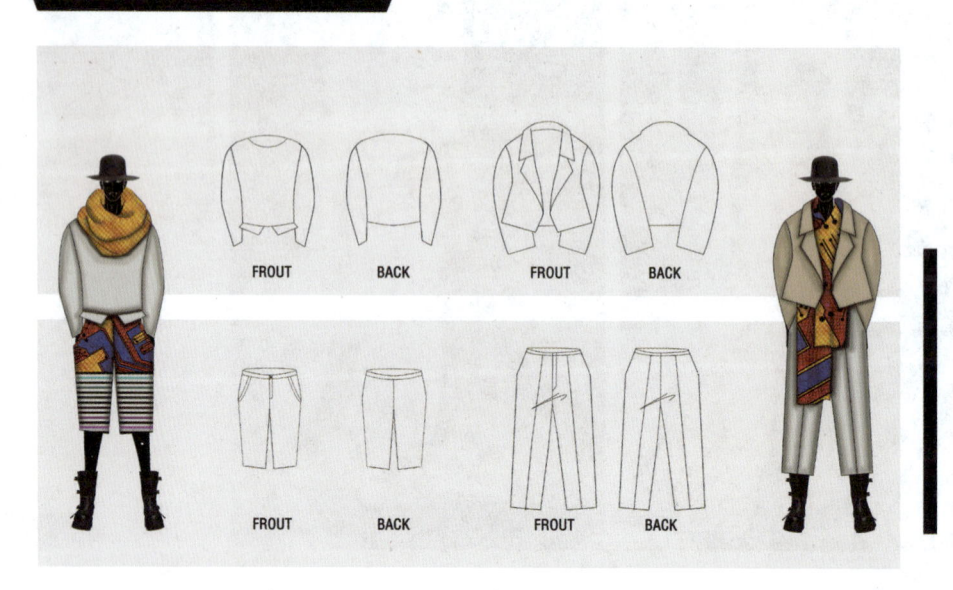

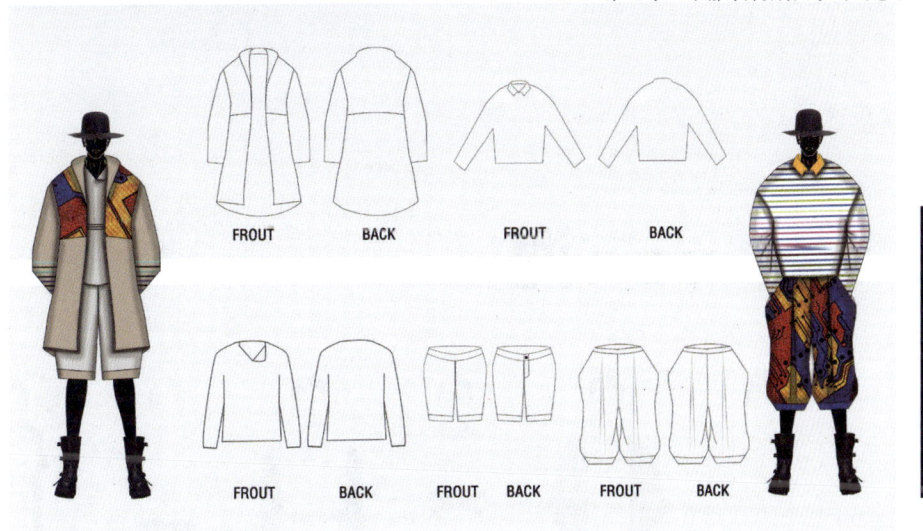

第三章　从服装构成要素到创意设计

作业实例二：

摩登时代
morden times

摩登时代　morden times

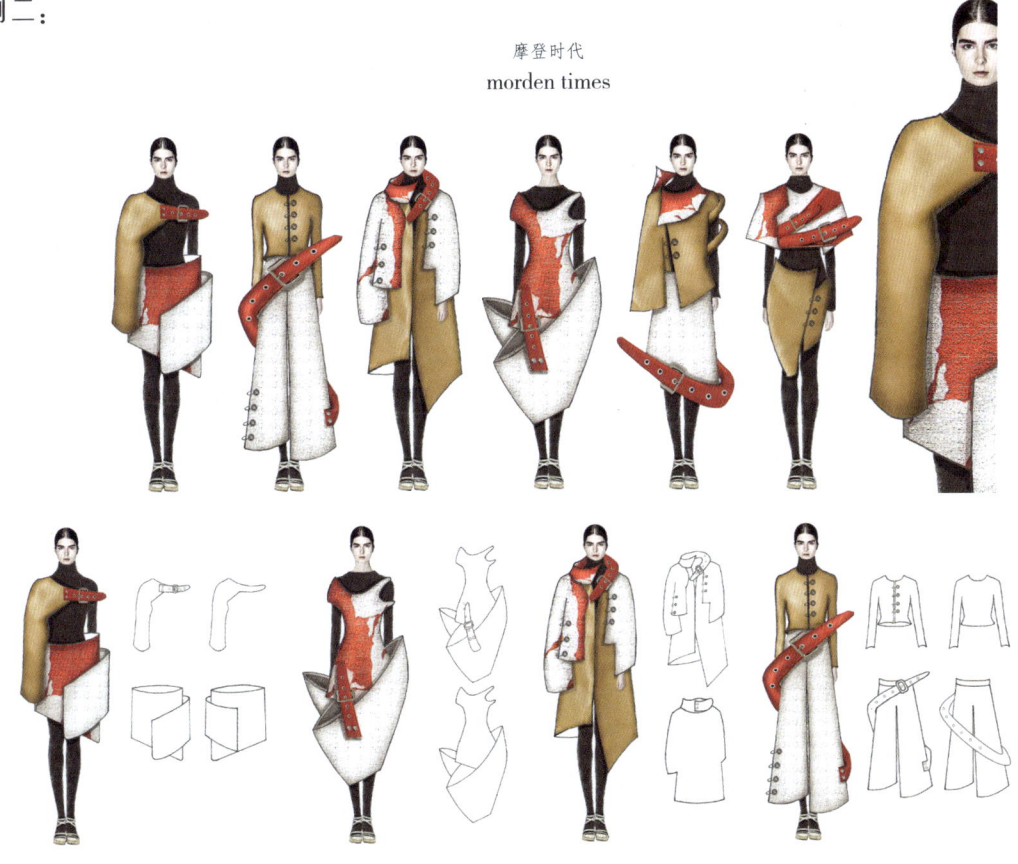

设计说明：《摩登时代》
皮和布的结合，会让衣服拥有不同的视觉触感。布的复古感觉，配上现代感的皮质带子，金属扣等装饰，复古中折射出现代，现代中透着复古，造成一种视觉上的错觉。颜色上大胆的运用了红色，整体呈现出一种摩登感。

065

作业实例三：

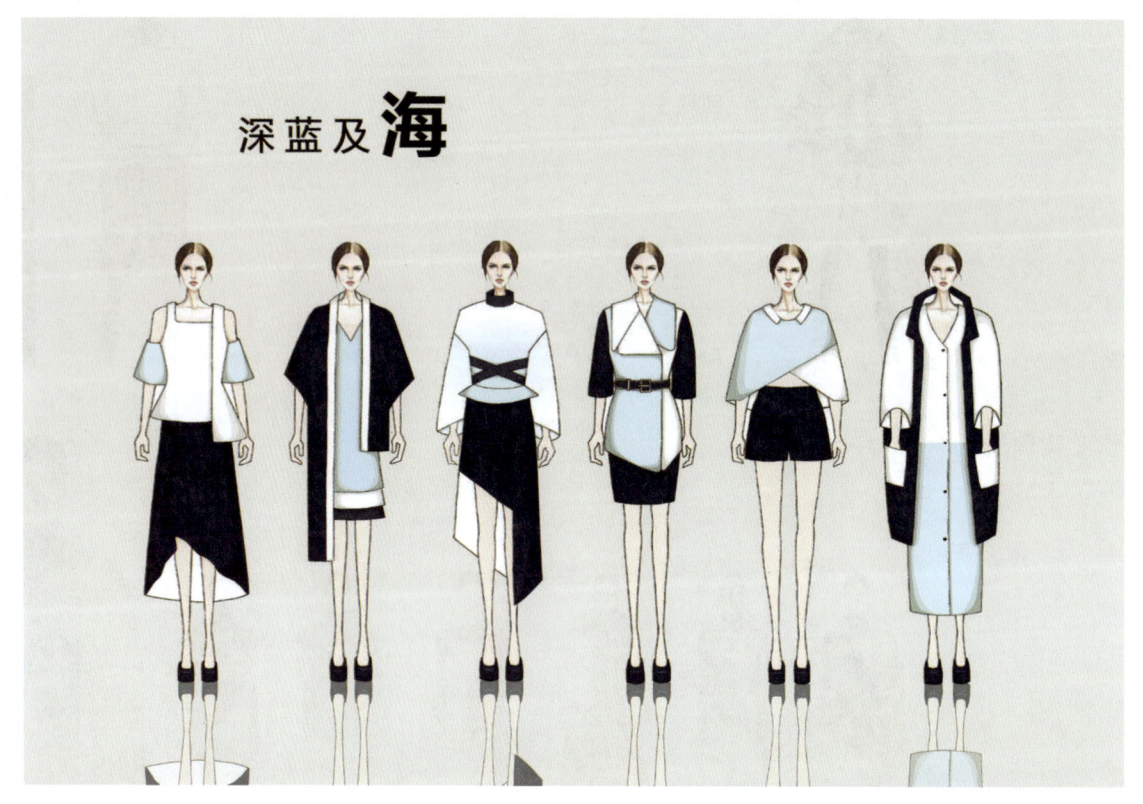

深蓝及海

设计说明： 本系列灵感来源于海洋，整体以海洋的蓝色为主打色，深蓝、浅蓝和白色穿插交织在一起。清新典雅的风格，别具一格，独树一帜。

作业实例四：

褶的奇想

设计说明：
"褶的奇想"，不仅局限在原有的面料上做褶，而是在服装的不同部位加入褶，打破原有的轮廓，形成新的视觉效果，中式盘扣的加入又增添优雅、端庄，色系上选用黑、红、黄为主打色，多种元素相互融合又独一无二，穿着效果简单又不失个性。

作业实例五：

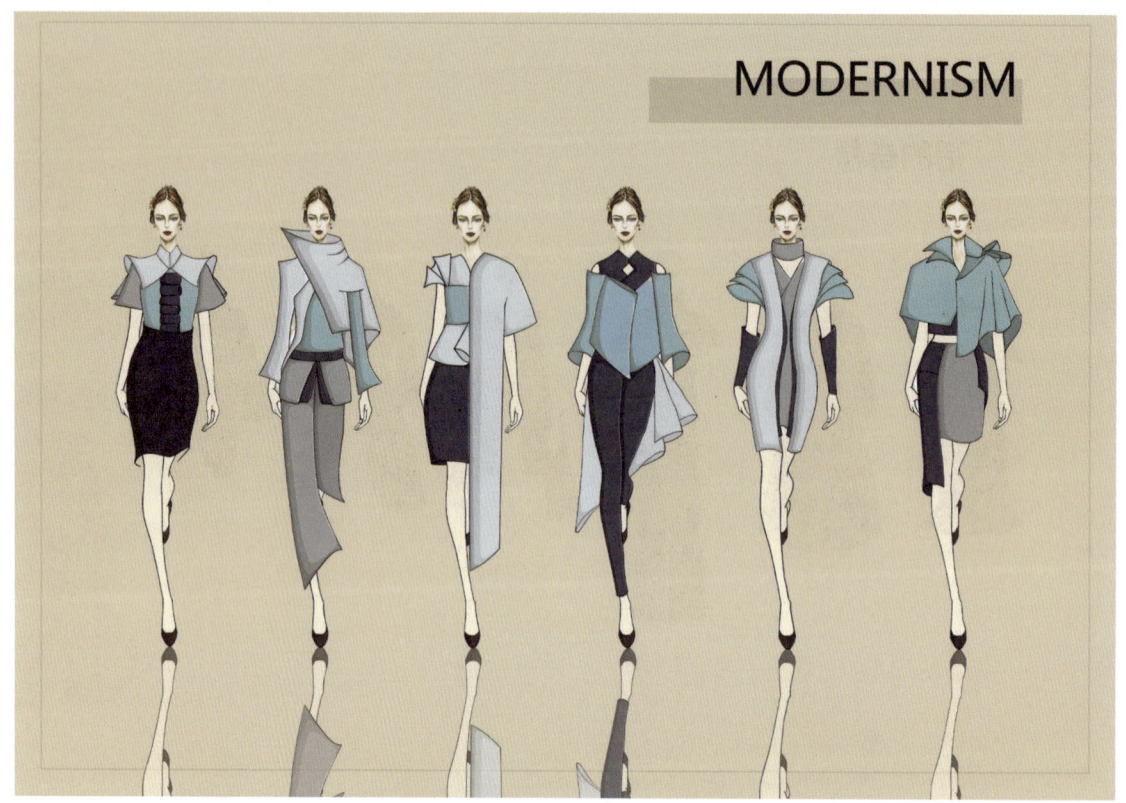

MODERNISM

MODERNISM

设计说明：
此系列服装主题为现代主义，简单优于复杂，平淡优于鲜艳夺目，单一色调优于五光十色。因此蓝灰色为主要色彩，凸显出现代主义简单而不失个性的原则，给人一种理性简洁之感。

作业实例六：

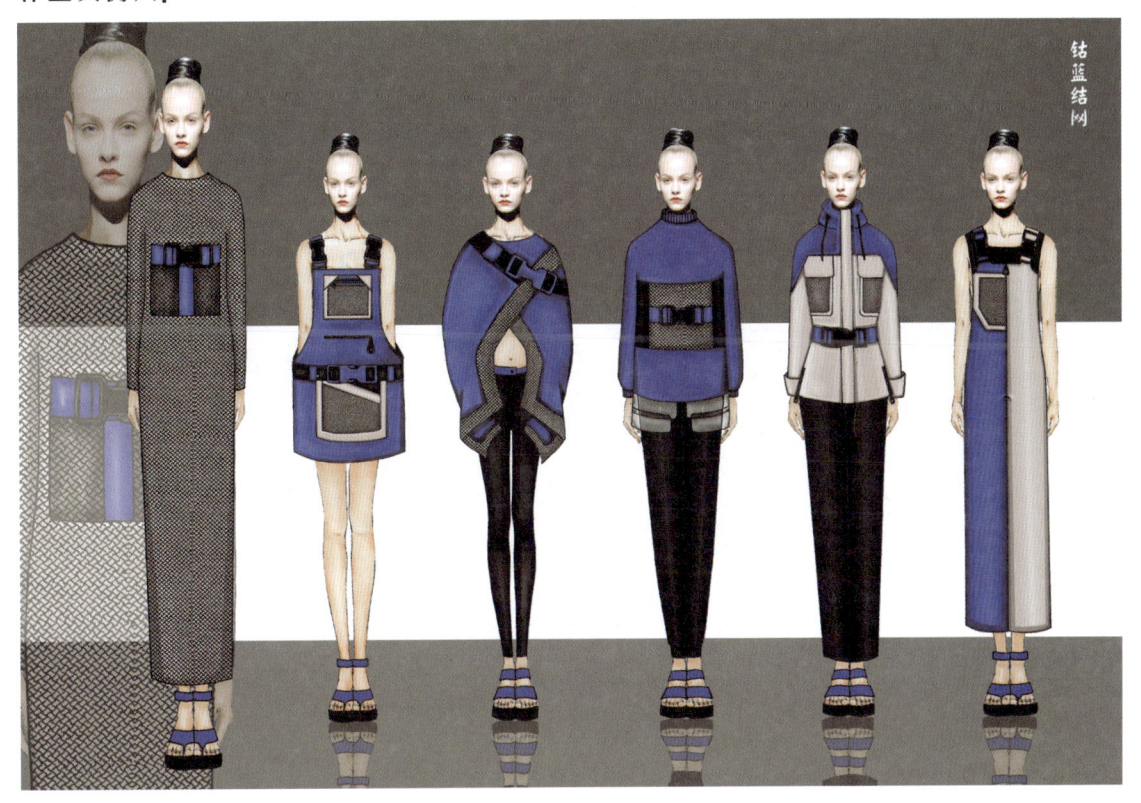

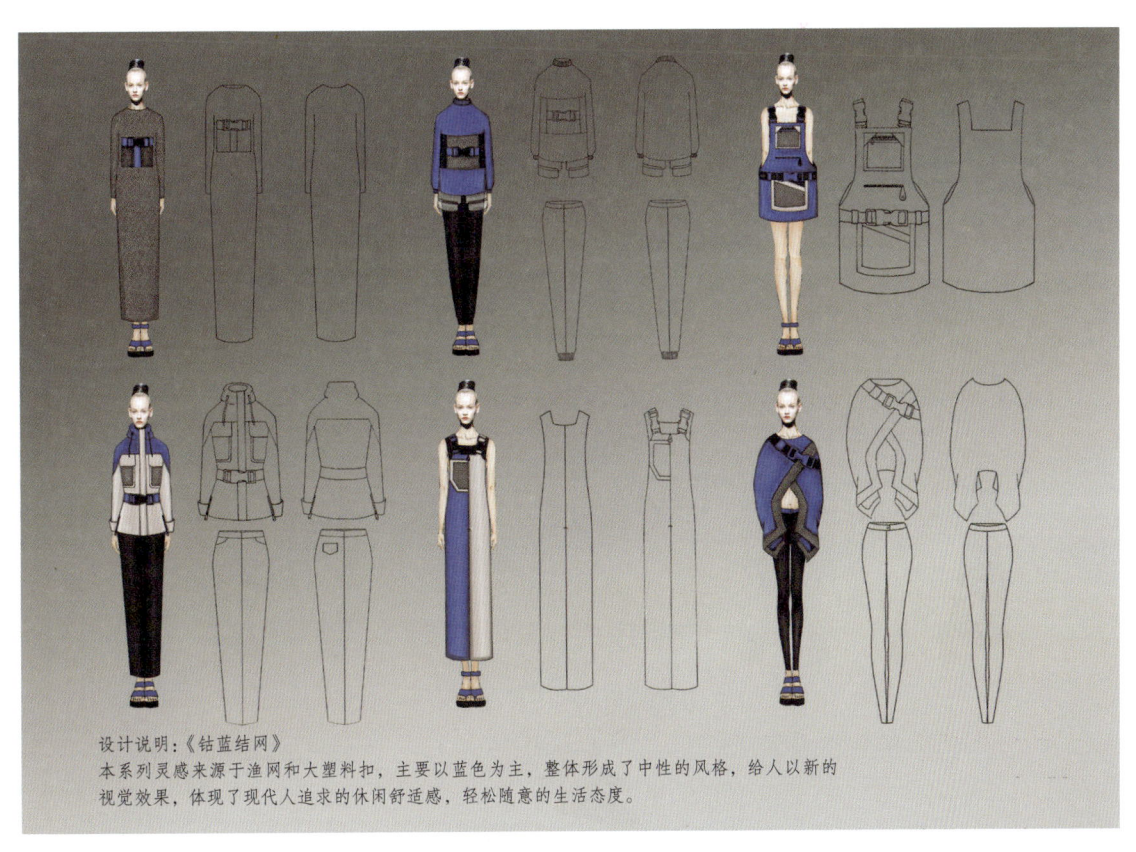

设计说明：《钴蓝结网》
本系列灵感来源于渔网和大塑料扣，主要以蓝色为主，整体形成了中性的风格，给人以新的视觉效果，体现了现代人追求的休闲舒适感，轻松随意的生活态度。

作业实例七：

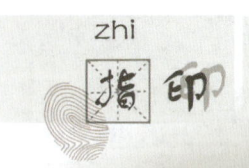

2016年"九牧王杯"第21届中国时装设计新人奖

2016年"九牧王杯"第21届中国时装设计新人奖

方法与应用

从灵感到服装创意设计

课程名称： 从灵感到服装创意设计

课程内容： 灵感的来源、寻找与收集
灵感元素在服装创意设计中的应用

课程时间： 24课时

教学目的： 通过本章的学习，能够使学生掌握从灵感到服装创意设计的流程与方法，做到将灵感素材灵活运用于服装设计中。

教学方式： 内容讲授与分析、小组讨论与总结、课后训练与实践。

教学要求： 1. 了解时尚网站，收集大量与学习内容相关的资料。
2. 具备对资料的分析能力。
3. 能够将所学内容灵活应用。

第四章
从灵感到服装创意设计

过程是事物发展变化的连续性在时间、空间上的表现。设计过程是时间连续和空间延续的一种思维活动,是有计划、有步骤、有目标、有方向的系列性活动,每一阶段都是一个解决问题的过程。在进行服装设计的学习中,创意过程的推进与实现比创意结果更重要,这个过程是知识获取和物化的途径。一般来说,服装创意设计过程包括寻找灵感、灵感素材重组、元素提炼、设计语言转化为成品实现,虽然这是一个复杂的系统,但也是有规律可循的。本章将对服装创意设计过程的各个环节进行深入分析。

第一节 灵感的来源、寻找与收集

在进行创意设计时，对灵感的挖掘和开发是具有创新意识的设计师非常关注的方面。服装设计师有了灵感，创意就会顿时出现，设计出新颖的造型和款式。

灵感是人们思维过程中认识飞跃的心理现象，一种新的思路突然产生。灵感并非捉摸不定，而是可以捕捉的。例如，在一些与设计本身并不相干的事物的观察和分析中，通过创造的敏感，捕捉到设计的灵感信息，这种灵感多以记忆中保存的某些信息为基础，因此重在日常生活中的长期积累；也可以在与解决设计问题相关的信息作用下，通过联想而达到由此及彼、触类旁通地解决问题的目的；还可以在与解决问题有关的语言的提示和启发下，产生新思想、新观点、新假设、新方法。

通俗地讲，灵感是服装创意的来源，可抽象可具象，是可以激发设计创想的任何东西。图4-1所示为班晓雪2014秋冬发布会作品，灵感来源是青苔、百合花，将青苔的一抹绿、百合花的纯粹，与中国式长袍相结合，作品无论在造型、色彩上，还是在设计元素上，都极具创意。

图4-1

一、灵感的来源渠道

任何设计作品的诞生都需要有创意的支持,没有好的创意,设计就站不住脚。而创意需要灵感,灵感不是自来水,能够说来就来,它是有一定的取材和摄取途径与范围的。如在日常生活中对摄影和网络图片的观赏,就是一个学习和采集的过程,从画面的色彩搭配、色块的比例、画面的寓意,还有形体构造等,都是服装设计师的灵感创意来源。

1. 从自然界中汲取灵感

自然界向来是艺术创作的一个重要灵感来源,服装设计也不例外。大自然中,浑然天成的色彩、组合、图案、造型、质感、肌理、气质等无不激发着设计者的创作激情。例如,以自然景象为创意元素的设计作品从未淡出过时装舞台,反而呈现出不同时代不同风情的特点。

如图 4-2 所示为 KENZO 2014 春夏发布会作品,以海浪、海面波光、海水为灵感,并对其进行了重新归纳与设计,为其赋予了新的意义与视觉效果,从而使服装具有美感与创意性。

2. 从传统文化中汲取灵感

传统文化就是文明演化而汇集成的一种反映民族特质和风貌的民族文化,是民族历史上各种思想文化、观念形态的总体表征。世界各地的各民族都有自己的传统文化。如中国的传统文化以儒家为核心,还有道教、佛教等文化形态,包括古文、诗、词、曲、赋、民族音乐、民族戏剧、曲艺、国画、书法、对联、灯谜、射覆、酒令、歇后语等;又如西方的古希腊文化、哥特式文化、巴洛克文化等。对传统文化中的元素进行深度挖掘,分析其造型、色彩构成、图案、工艺手段等,继承并汲取其精髓,从而以其为灵感运用于服装设计作品中。

图 4-2

如图 4-3 所示为 Evening 2014 秋冬女装秀作品，通过系列设计，表达出中国传统五禽戏与一个生活精致的现代人之间的微妙联系。设计师有感于古人在五禽戏中模仿动物的动作时惟妙惟肖的质朴幽默和人本身蕴藏的动物性：或敏感、或威猛、或沉稳、或轻灵，设计中的弧线拼接与线条模仿了古人运动时划过的轨迹，将练习五禽戏的古人形态设计成叠加的图案，寓意既是同一人不同时期的修炼，又是不同人同一时期的修炼。通过古人修炼动而静的智慧，结合现代人在一天的十二时辰、日月交换之中不同作息、不同场合的着装，从子时到亥时，从梦境到现实，又从现实回到梦境，刚柔相济。这一系列设计将现代都市与传统文化相结合，将人的外表形象与思想意识相结合，表达了生活状态虽忙碌、繁杂，却不失精致、从容和趣味。

图 4-3

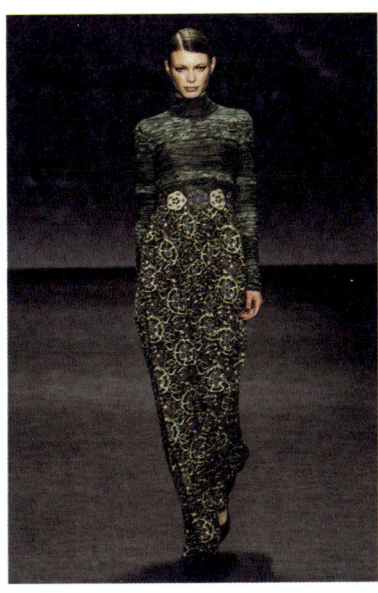

如图 4-4 所示的 Vivienne Tam 2014 秋冬秀作品，以中国古代敦煌洞穴壁画、散发古典艺术与历史情节的丰富色彩为设计来源。其作品在体现现代设计观念的同时，也折射出本民族的审美价值取向和历史文化特征，充分展示了传统文化理念与现代设计紧密结合的艺术魅力。

图 4-4

3. 从文化艺术中汲取灵感

文化是一个群体（可以是国家，也可以是民族、企业、家庭等）在一定时期内形成的思想、理念、行为、风俗、习惯、代表人物，以及由这个群体整体意识所辐射出来的一切活动。艺术是社会意识形态的一种，是人类实践活动的一种形式，也是人类把握世界的一种方式。艺术家按照美的规律塑造艺术形象，以人为中心对社会生活作出感性与理性、情感与认识、个别性与概括性相统一的反映，把创造性的生活与表现情感结合起来，并用语言、音调、色彩、线条等物质手段将形象物质和外观发展成为客观存在的审美对象。形象性与审美性是艺术作品最突出的特征，包括文学、绘画、雕塑、建筑、音乐、舞蹈、戏剧、电影、曲艺、工艺等。

文化艺术形式带给我们或原始、或经典、或超前的理念和视觉经验，这正是时装设计最有益的补充，使我们的设计充满原始艺术的张力和激情，从而唤起人们对美的共鸣和欣赏。如图4-5所示的Prada 2011秋冬作品，应用了蒙德里安的绘画作品，调暗三个色调，少了明艳，却显得贵气非凡，带来更多的艺术与设计的碰撞。又如图4-6所示的Holly Fulton 2014秋冬系列作品融合多种灵感来源，受Dziga Vertov（吉加·维尔托夫）1929年《持摄影机的人》电影艺术的启发，如淡蓝色大衣数码感印花好似齿轮的图样，部分细节受德国电影导演Fritz Lang（弗里兹·朗）的经典《大都会》同一时期的exclamation-mark图形设计启发，突显了20世纪50年代的俄国构成主义主题。

4. 从高科技中汲取灵感

现代科学技术的发展带来创作材料、创作技法及创作造型上的革新，越来越多的创意设计在视觉上呈现的未来感，都是依靠强大高端的现代科技，同时也为设计师提供了无限的创

图4-5

意概念素材。如图 4-7 所示的 Jean Paul Gaultier 2014 秋冬女装作品，如同带领你经历了一次奇妙的太空旅行。

图 4-6

图 4-7

5. 从日常生活中汲取灵感

日常生活的内容包罗万象，一个场景的局部、一种食物或道具等，都可能成为我们创作的灵感。精彩的素材就是我们周遭的一切，设计来源于生活，每一个人都能成为最具创意的设计师。如图 4-8 所示的作品，分别以购物袋、海报、纸杯为灵感来源，应用其质感、形态进行适当的排列组合，替换常规的面料，以达到创意的效果。

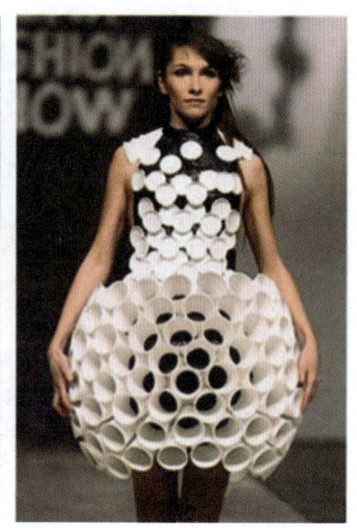

图 4-8

6. 从服装作品中汲取灵感

服装设计师凝聚着设计师独特的才能、精湛的设计和对设计理念的深入研究，体现了设计师领先的设计意识和前瞻的设计风格，或多或少都会为我们提供进行创新设计的灵感。如图 4-9 所示，安德烈·库雷热（Andre Courreges）原创的"太空时代"时装，无论是裙装还是裤装，都线条笔直、犀利，有棱有角，带有明显的中性风格，这种高度整洁的审美取向成为安德烈·库雷热的签名式设计，并迅速传遍整个时装设计界。

图 4-10 所示的 Moschino 2013 春夏女装秀作品弥漫着一股乐观主义的冲力，积极而富有感染力。安德烈·库雷热给了设计师很多灵感，Moschino 的设计以其 20 世纪 60 年代的作品为基调，把握了服装的衣长、条纹元素、几何裁剪、装备等几个方面，呈现出 2013 春夏女装的新时尚。

7. 服装流行趋势中汲取灵感

服装流行趋势不但引导服装文化、服装产业、服装生活的流行概念，并使其设计元素在社会中广泛传播开来。从流行趋势中汲取灵感，设计出的服装不但具有创新的服装主题、强烈的视觉审美效果，更重要的是能为时尚流行提供前沿信息，引导大众审美方向，满足大家对时尚的需求。同时，在解读、浏览流行趋势资料、图片的过程中，很可能会产生灵感，创意也会因此显现。如图 4-11 所示的学生作品，通过分析面料、色彩、款式、配饰的流行趋势，以肌肉组织为灵感来源，汲取并充实主题的实现与表达，提炼出自己的设计方案，完成系列男装与女装的创意设计。

图 4-9

图 4-10

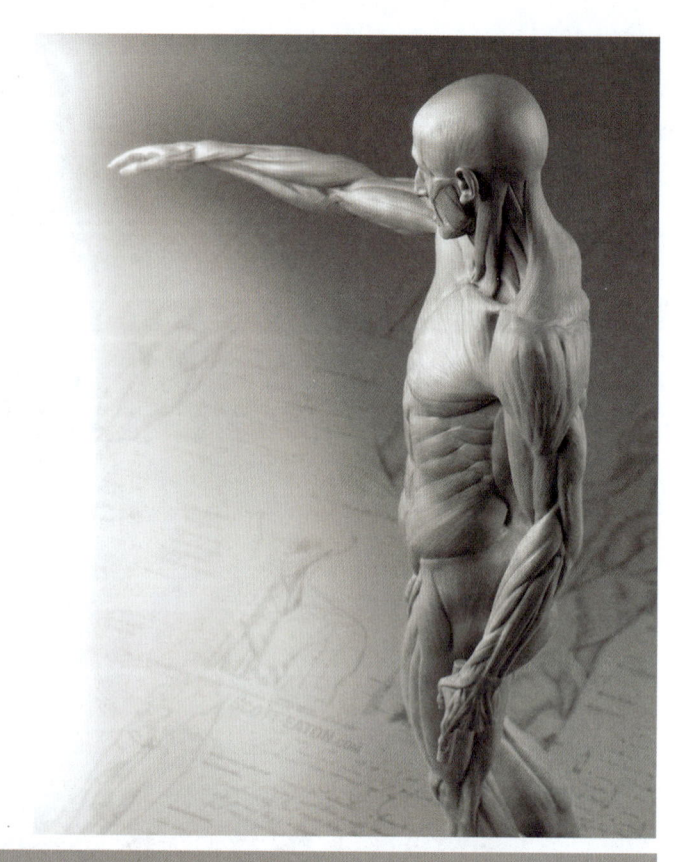

行走的力量
Power To Go

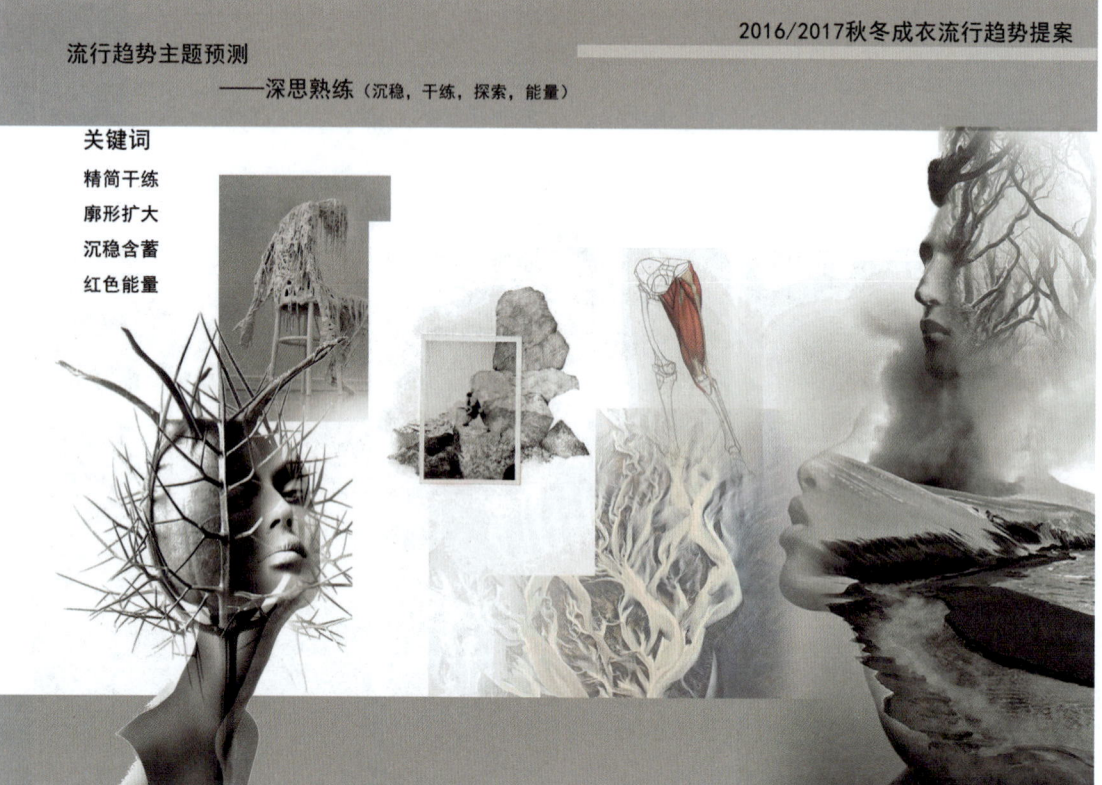

流行趋势主题预测
——深思熟练（沉稳，干练，探索，能量）

2016/2017秋冬成衣流行趋势提案

关键词
精简干练
廓形扩大
沉稳含蓄
红色能量

2016/2017秋冬成衣流行趋势提案

主题趋势下的面料分析

Disruption分裂叛逆

分裂叛逆、独立人口、少即是多、变革前行和本能特性这五大趋势主题的推出，除了向行业及大众传达了新一季的面料流行风尚，还为纺织企业的新品研发起到了很好的引导作用。

面料风格：颠覆性的图形和数字化的图案动摇了传统的棉质外衣和提花织物。大规模、脱节的形状在浮点纹面料和法国毛圈面料上被加强。微观尺度和微妙图案中的大胆色彩是通用的，并可被解读并融入多个市场。

2016/2017秋冬成衣流行趋势提案

主题趋势下的面料再造

面料再造方法与工艺

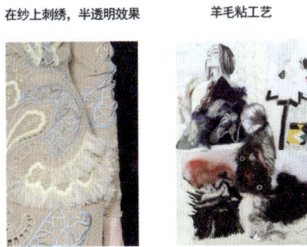

毛线的编制工艺　　在纱上刺绣，半透明效果　　羊毛粘工艺　　刺绣和其他物品的结合　　旧布料的拼合

面料的二次改造给服装带来了别样的效果，是服装创新与时尚必不可缺元素，所以尝试面料再造的设计对服装至关重要。本系列主题趋势下的服装面料采用了面料二次改造：在毛圈面料上尝试羊毛毡与刺绣的结合，呈现出不一样的效果。

图 4-11

2016/2017秋冬成衣流行趋势提案

主题趋势下的色彩分析（男装）

柔美漫射的红色，2016/2017秋冬以暖色为主，少不了黑灰色的相衬，钢铁红与白色形成清晰的对比，显得干净、热情、沉稳。

主题趋势下的色彩倾向

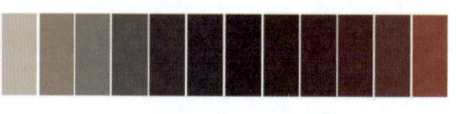

2016/2017秋冬成衣流行趋势提案

主题趋势下的色彩分析（女装）

柔美漫射的红色，在2016/2017秋冬过度为甜腻的番茄红。抢眼的钢铁红是2017春夏的新兴色彩，黏土红和浓郁的珊瑚红与其相中和。

主题趋势下的色彩倾向

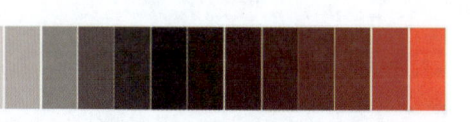

主题下的配饰组合
配饰系列主题翻新

2016/2017秋冬成衣流行趋势提案

翻新主题将古老的过去与遥远的未来相融合，
将虚幻与功能相融合。
功能型单品呈现出升级和复古感，
浓郁的暗色彩平衡了功能性和虚幻性。

精制的绗缝和奢华的面料装点在帽子和运动包等标准单品上。
这些日常单品具有防护功能性，被提高到新的层次

主题下的配饰组合
配饰系列主题翻新

2016/2017秋冬成衣流行趋势提案

翻新主题将古老的过去与遥远的未来相融合，
将虚幻与功能相融合。
功能型单品呈现出升级和复古感，
浓郁的暗色彩平衡了功能性和虚幻性。
蛇皮、亮皮等材料的完美结合运用使得服饰富有了生机

图 4-11

服装创意设计

行走的力量
Power To Go

"九牧王杯"第21届中国时装设计新人奖评选

行走的力量
Power To Go

"九牧王杯"第21届中国时装设计新人奖评选

084

2016/2017秋冬成衣流行趋势提案
——款式图（男装）

2016/2017秋冬成衣流行趋势提案
——款式图（男装）

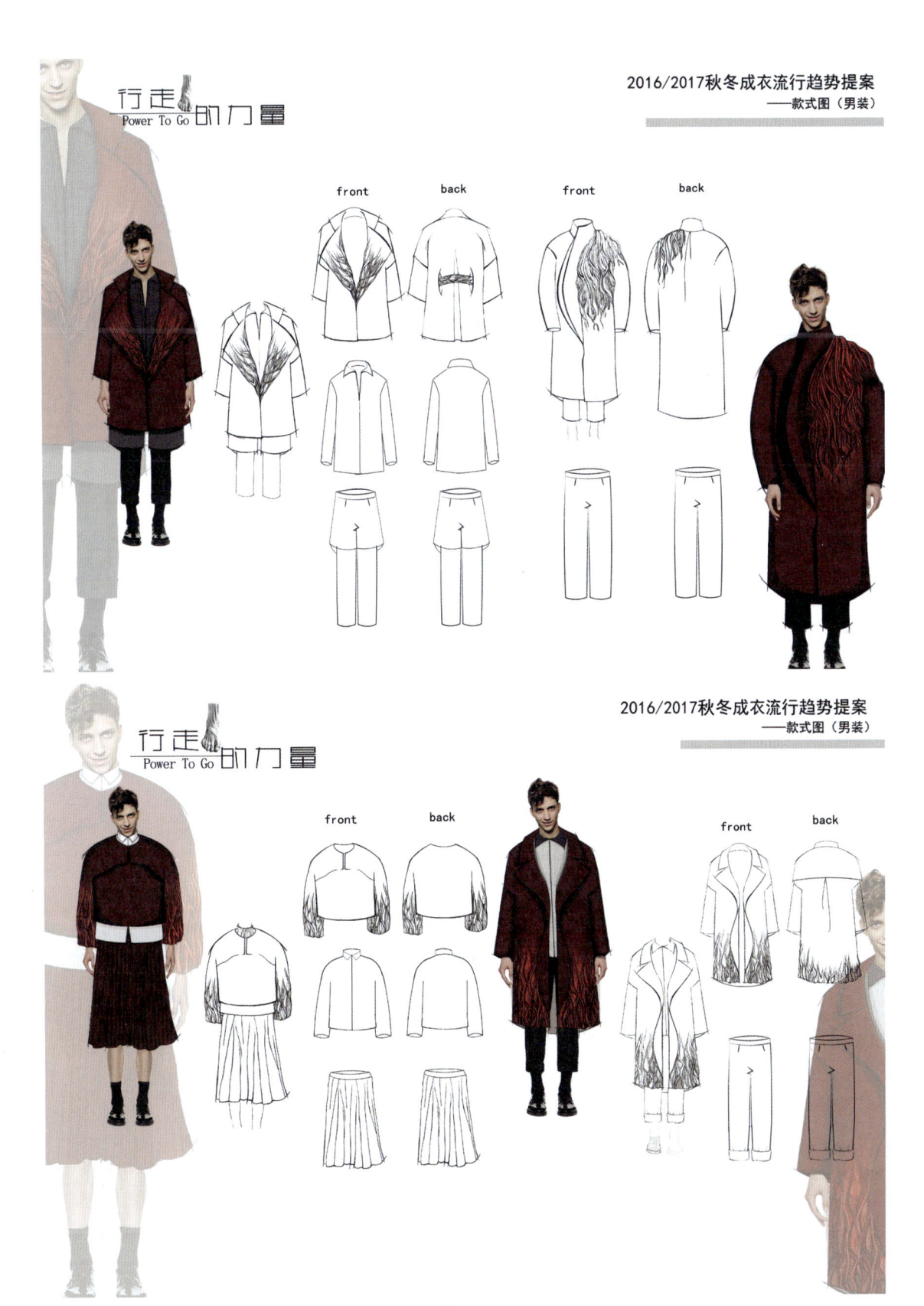

图 4-11

服装创意设计

行走的力量
Power To Go

2016/2017秋冬成衣流行趋势提案
——款式图（男装）

front　back　　front　back

2016/2017秋冬成衣流行趋势提案
——款式图（女装）

front　back

front　back

086

第四章 从灵感到服装创意设计

2016/2017秋冬成衣流行趋势提案
——款式图（女装）

2016/2017秋冬成衣流行趋势提案
——款式图（女装）

图 4-11

2016/2017秋冬成衣流行趋势提案

主题趋势下的设计说明

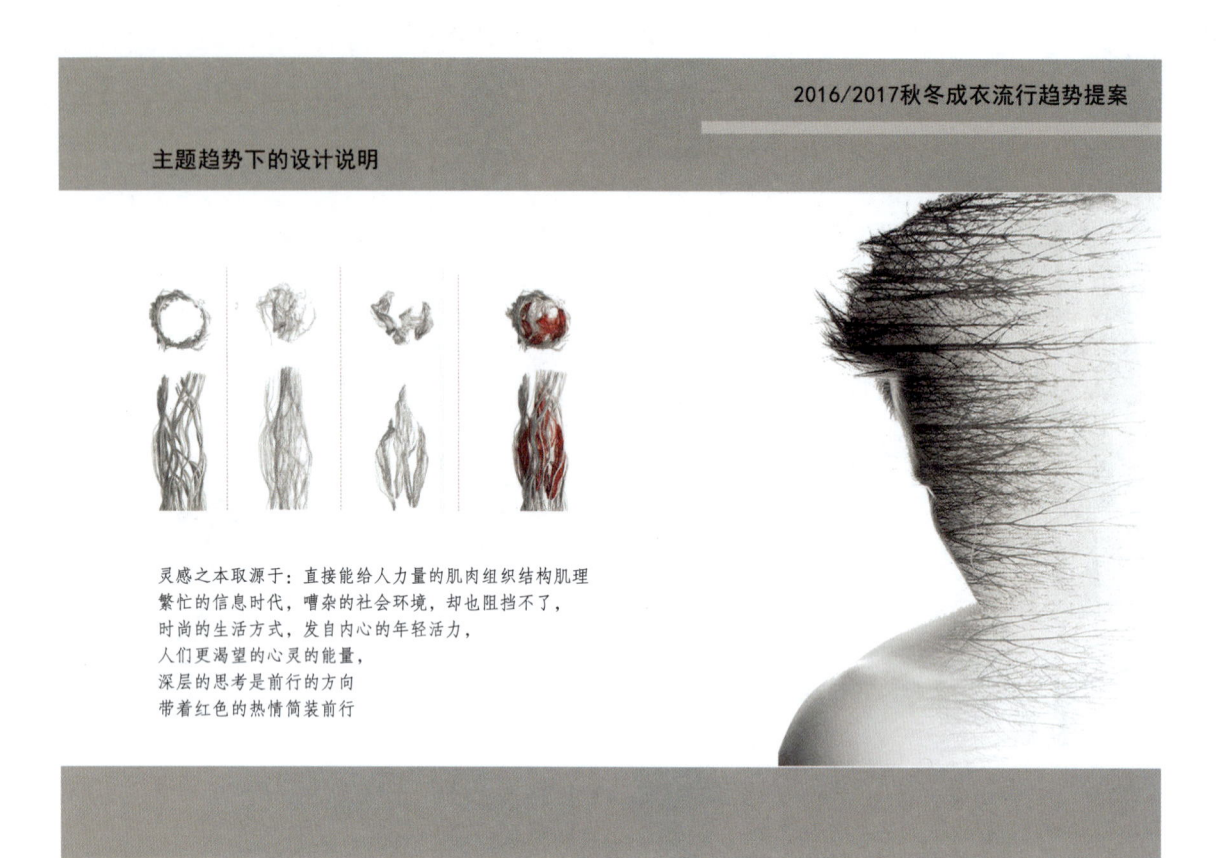

灵感之本取源于：直接能给人力量的肌肉组织结构肌理
繁忙的信息时代，嘈杂的社会环境，却也阻挡不了，
时尚的生活方式，发自内心的年轻活力，
人们更渴望的心灵的能量，
深层的思考是前行的方向
带着红色的热情简装前行

图 4-11

二、灵感的寻找与收集

  灵感也叫灵感思维，指文艺、科技活动中瞬间产生的富有创造性的突发思维状态。通常搞创作的学者或科学家，常常会用"灵感"一词来描述自己对某件事情或状态的想法或研究。创意的灵感并非凭空而降，而是在对一定的资料、信息整合的基础上产生的。

  灵感素材，可能是脑海中一个显现的念头或景象，具有一定的偶然性与突发性。但更多的是依据设计概念、主题或者设计方向、设计风格等来寻找与收集灵感素材。例如，设计主题是"时间"，首先要做的是以"时间"为思维的中心点，应用思维导图或九宫格等手段，打开思路，寻找有潜力的思维点，再以此思维点进行相关素材的寻找与收集，建立灵感素材库，以备进一步提炼设计元素，完成作品。因此，我们寻找与收集灵感可以遵循这样的规律：设计主题—思维导图—素材图片—建立素材库。

第二节　灵感元素在服装创意设计中的应用

在对灵感来源渠道、灵感素材的寻找和收集进行之后，接下来是解决灵感元素在服装创意设计中的如何应用问题。应用过程包括灵感板、灵感元素的提取与拓展、灵感元素应用几个环节。

一、灵感板

灵感板，即在前期大量收集素材的基础上，把符合设计定位的素材图片按需粘贴在一张完整的展板上，使其成为进行服装创意设计的一个非常重要的设计风格和设计方向的引导，从而有助于设计师对前期工作进一步作深入的梳理与归纳。灵感板根据设计需要可以包括主题、廓型、面料、色彩与图案等灵感板。灵感板的制作不仅是粘贴素材，也涉及排版、版面协调等问题，是考查学生综合能力的一种手段。如图4-12所示的学生作品中，以"憋古"为主题，表现了人们在生存压力下的紧张与急躁。通过相关资料的寻找与收集，分析整理出主题灵感板、廓型灵感板、面料灵感板、色彩灵感板，清晰了最终设计作品的造型、细节、

图4-12

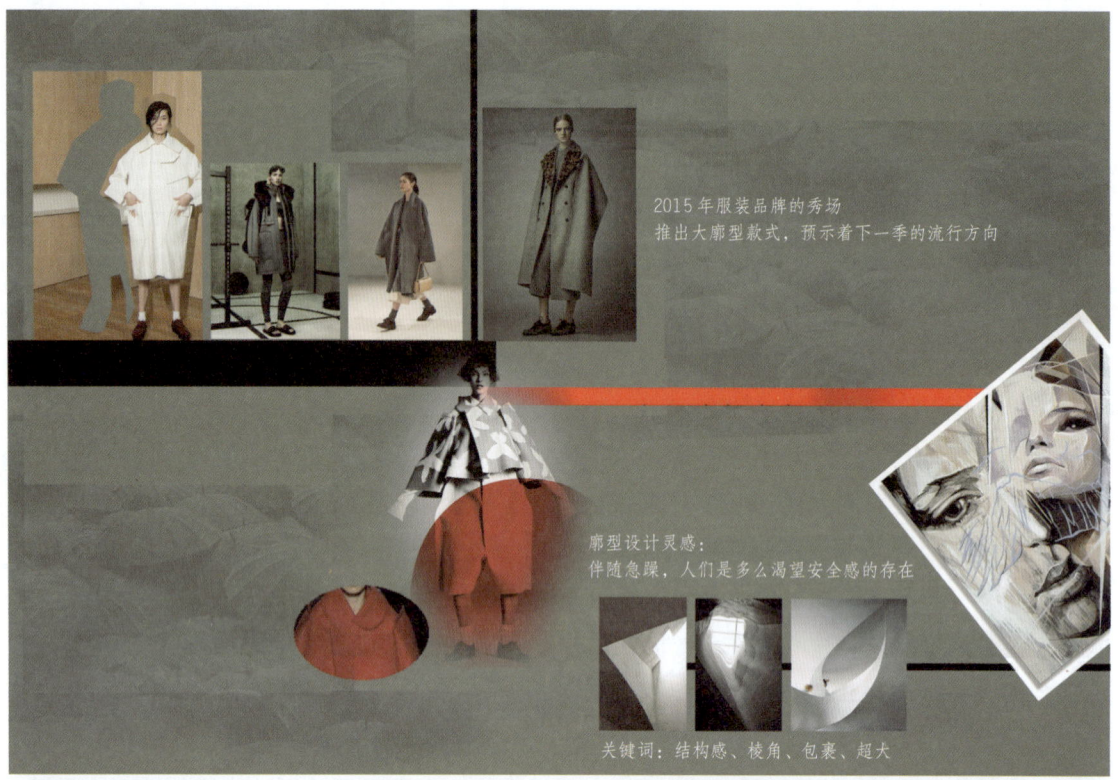

服装创意设计

2015年服装品牌的秀场
推出大廓型款式，预示着下一季的流行方向

廓型设计灵感：
伴随急躁，人们是多么渴望安全感的存在

关键词：结构感、棱角、包裹、超大

面料纹理设计灵感：
火山为切入点，放肆的喷发断裂，
一切的一切让人狂躁不安

色彩设计灵感：
浓烟、火、枯树、黑雁，传达出急躁的性情

图 4-12

元素等依据与感觉。图 4-13 所示的学生作品，以白鸽为灵感素材，提炼白鸽圣洁美好的形象，传达出对自然、对人类社会相生相息的"希翼"。作品在完成过程中，分别制作了主题、色彩、设计说明灵感板，为终稿的实现提供了依据。

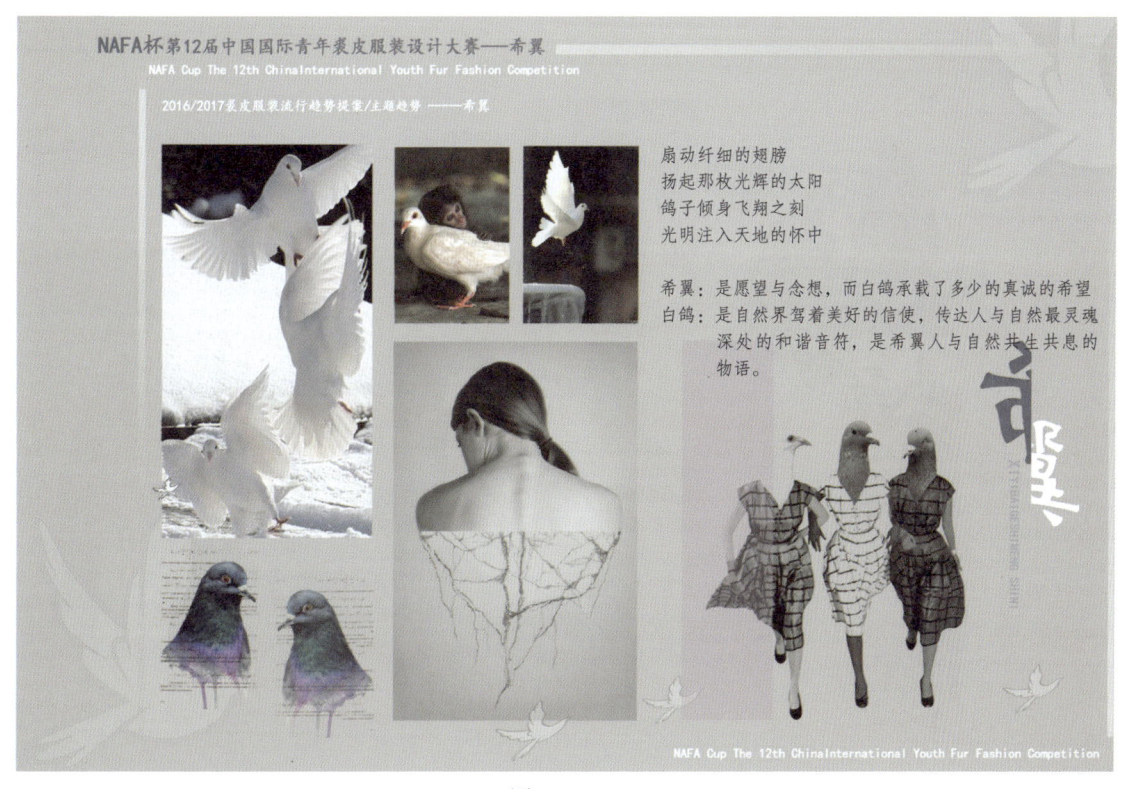

图 4-13

服装创意设计

NAFA杯第12届中国国际青年裘皮服装设计大赛——希翼
NAFA Cup The 12th ChinaInternational Youth Fur Fashion Competition
2016/2017裘皮服装流行趋势提案/色彩趋势——希翼

鸽子倾身飞翔之刻
光明注入天地的怀中

黑白：是自然界独有的颜色，没有倾向，却演绎的了所有感情，是最简单却又最复杂的颜色，潮流不在，风格永存，黑白是最经得起时间的流行色彩。

NAFA杯第12届中国国际青年裘皮服装设计大赛——希翼
NAFA Cup The 12th ChinaInternational Youth Fur Fashion Competition
2016/2017裘皮服装流行趋势提案/设计说明——希翼

设计说明：
扇动纤细的翅膀
扬起那枚光辉的太阳
鸽子倾身飞翔之刻
光明注入天地的怀中

本系列作品灵感来源于白鸽，提炼白鸽圣洁美好的形象，传达对自然，对人类社会相生相息的希翼，作品将白鸽展翅飞翔形象做了剪影处理，传达出白鸽安静简单美好的气质。

工艺说明：
裘皮服装黑色部分采用剪毛工艺
拼接部分采用间皮工艺
图案采用剪花工艺
白色的鸽子和白色的花纹都是獭兔皮毛
其中鸽子花纹用长一些的毛被

图 4-13

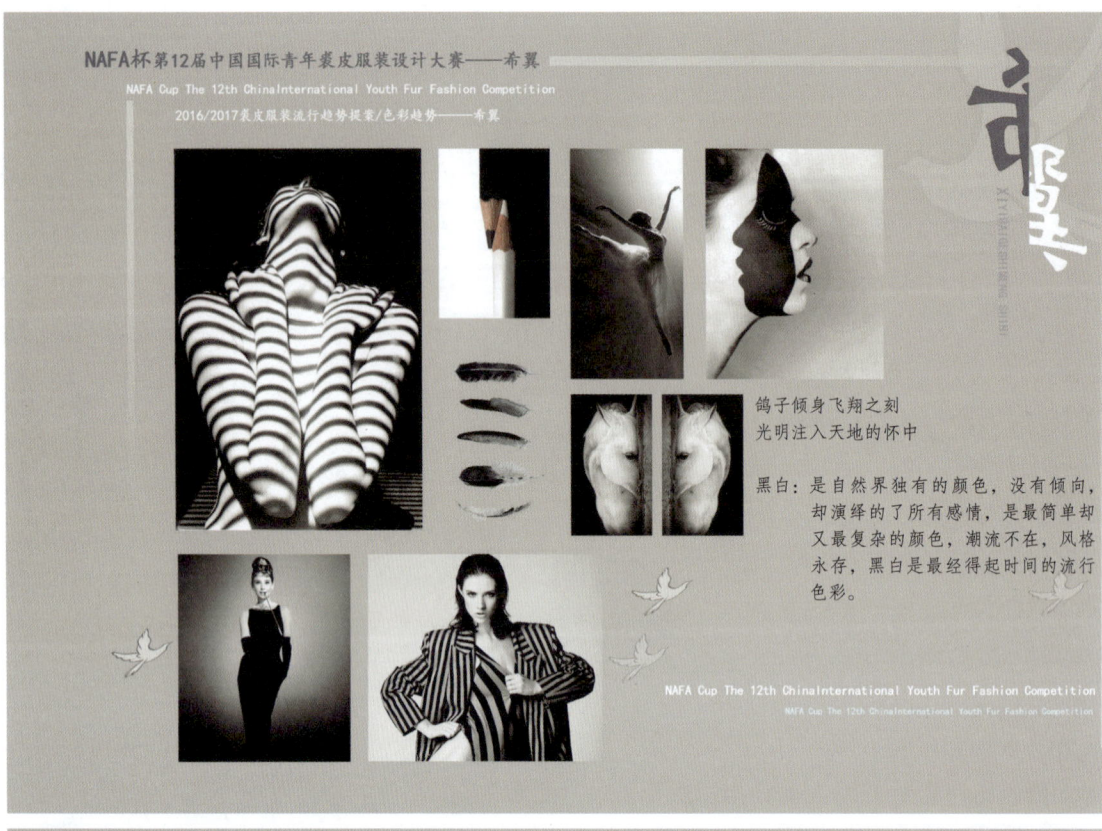

二、灵感元素提取与拓展

从灵感素材中提取具体的设计元素，可能是提取素材的外形或者肌理、色彩、线条、排列组合及变形等，只要眼睛能看到或者感觉到的都可以提取，对于同一个素材，不同的设计师提取元素的切入点会有所不同，这与个人的审美、价值观、对设计的认识有很大关系。同时，这也体现出不同个体的个性特征，而这正是进行创意设计所需要的。

此阶段，需要把从素材中提取的设计元素转化成手稿，并加以文字说明。这个环节一般会以手稿的形式出现，而且根据设计者不同的进展情况，手稿可能或多或少，当然也不排除一气呵成的设计（图4-14）。

图4-14

三、灵感元素应用

针对提取的元素及手稿，进行系列创意设计的应用。不同的设计师应用的角度也不同，同一位设计师对不同的款式与目的也会有不同的切入点。例如，图4-15所示，在对梯田这一灵感元素分析、提取、拓展的基础上，进行创意应用；图4-16所示，将火山的形、色以及色的配比关系在服装上作了创意体现；图4-17所示，将白鸽的形态、色彩进行了提炼、重构、再创造设计，并应用于服装造型中。

服装创意设计

归纳起来，应用灵感元素，我们可以从服装构成的要素进行考虑。一般来说，服装构成要素包括服装廓型、细节、结构、面料、色彩和图案以及工艺等，在对提取元素的应用过程中，我们可以将灵感元素转化并应用于服装的这些方面。

图 4-15

图 4-16

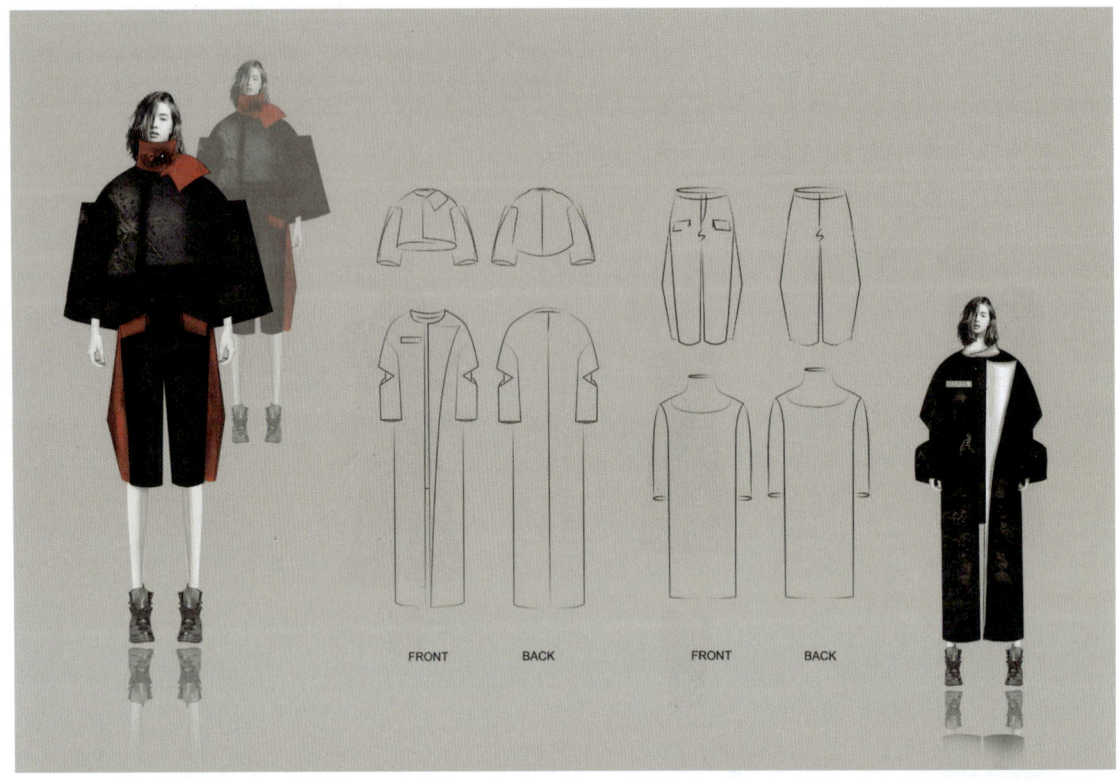

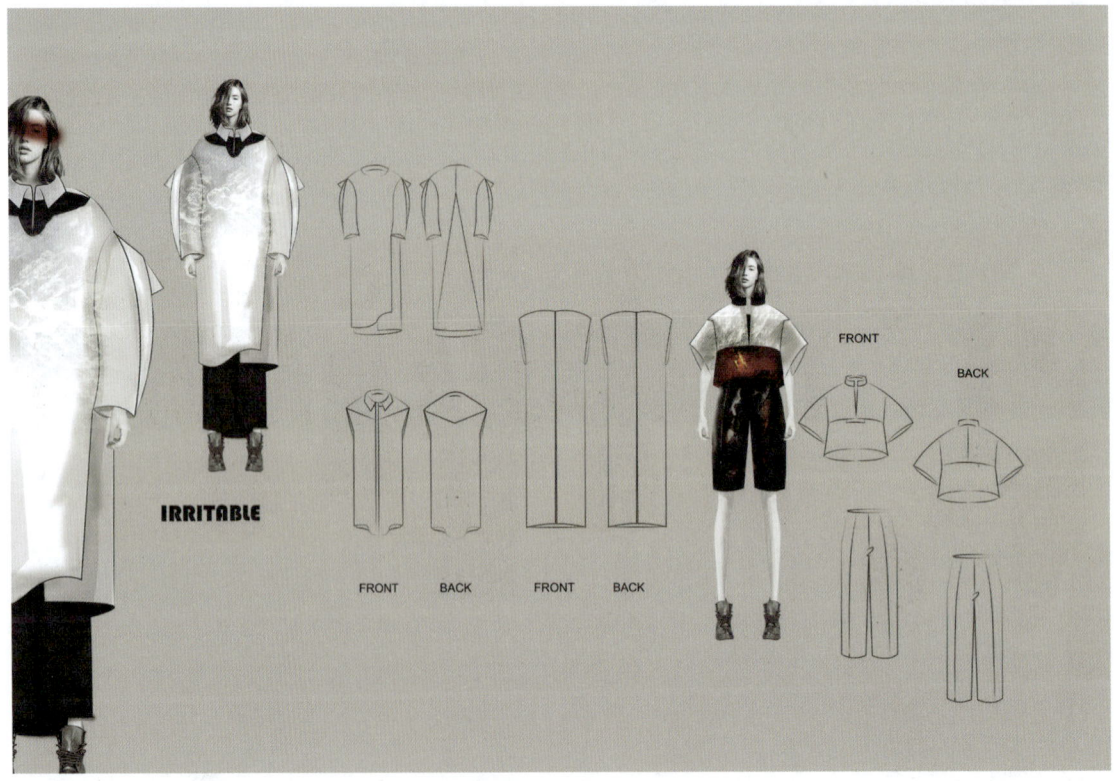

IRRITABLE

FRONT   BACK   FRONT   BACK

FRONT   BACK   FRONT   BACK

FRONT   BACK

第四章 从灵感到服装创意设计

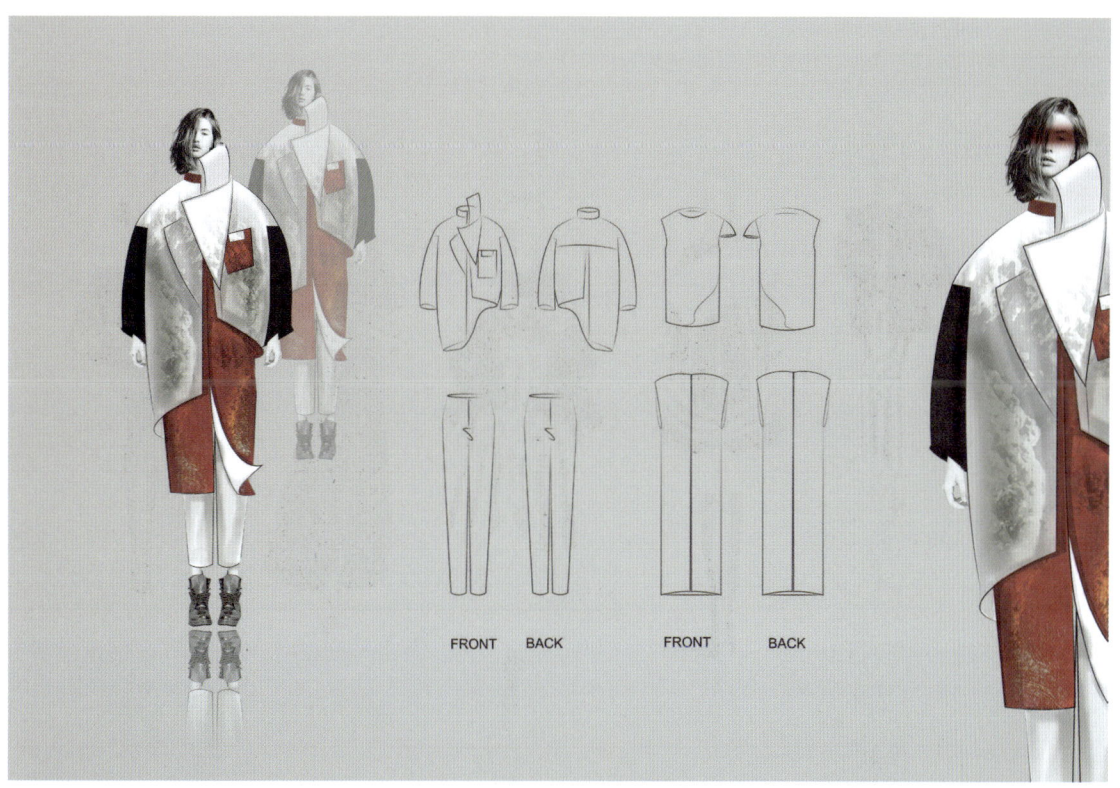

燥 Irritable

设计说明：
21世纪以来，人们生活节奏加快，竞争越来越激烈，与此同时来自于四面八方的压力令人目不暇接，因此"燥"便成为当今社会心理的最佳代名词。本系列作品围绕"燥"展开一系列设计与创想。
以火山为切入点，滚烫、狂野，进而表达出人们渴望安全感。

面料说明：
采用针毡面料，数码印染工艺。

图 4-16

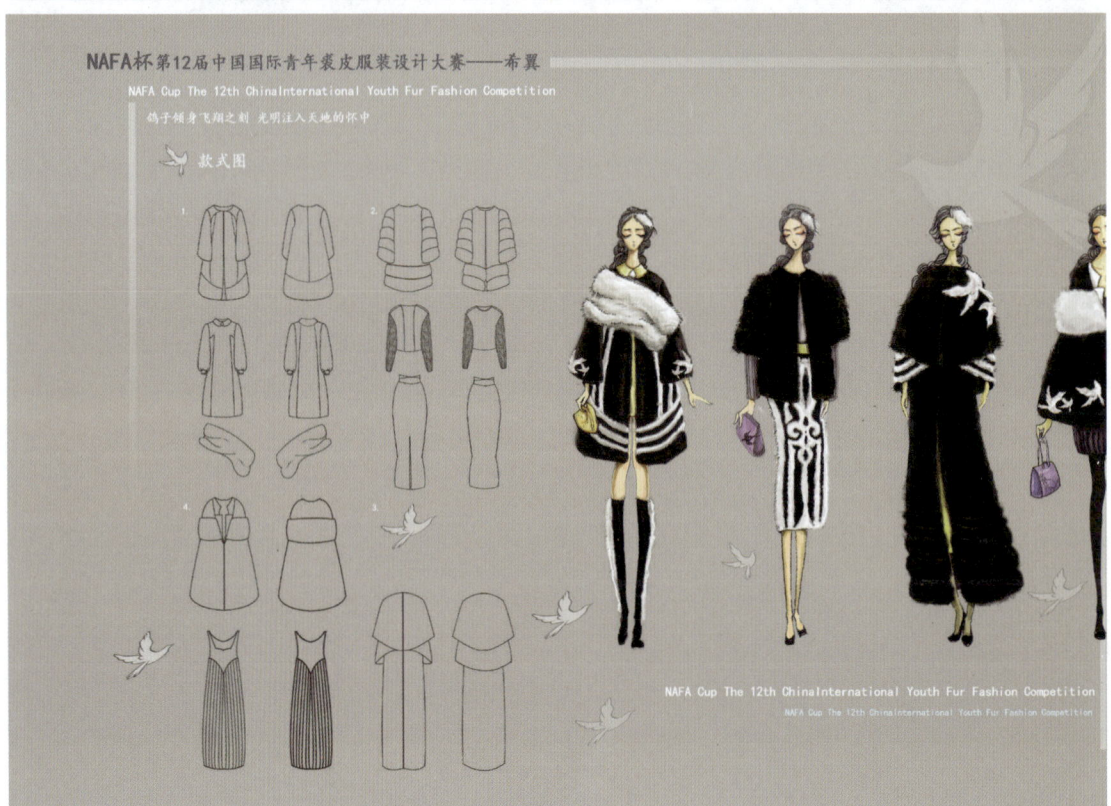

NAFA杯第12届中国国际青年裘皮服装设计大赛

NAFA Cup The 12th ChinaInternational Youth Fur Fashion Competition

NAFA杯第12届中国国际青年裘皮服装设计大赛——希翼

NAFA Cup The 12th ChinaInternational Youth Fur Fashion Competition

鸽子倾身飞翔之刻 光明注入天地的怀中

款式图

第四章　从灵感到服装创意设计

NAFA杯第12届中国国际青年裘皮服装设计大赛——希翼
NAFA Cup The 12th ChinaInternational Youth Fur Fashion Competition

最先覆盖晨钟的
是昨夜炫舞之桃红
春天的死亡
阻止了所有生命的呐喊
这是四月的早晨
鸽子轻盈的叫唤
擦亮我沉睡的眼睛
煽动纤细的春翅膀
扬起那枚光辉的太阳
鸽子倾身飞翔之刻
光明注入天地的怀中

款式图

NAFA Cup The 12th ChinaInternational Youth Fur Fashion Competition

图 4-17

课后训练

作业名称： 从灵感到服装创意设计

要　　求： 自定主题方向，运用思维导图，挖掘创意设计点，以此寻找素材，提取设计元素，制作各个灵感板，完成系列服装六款，并装订成册。

作业实例一：

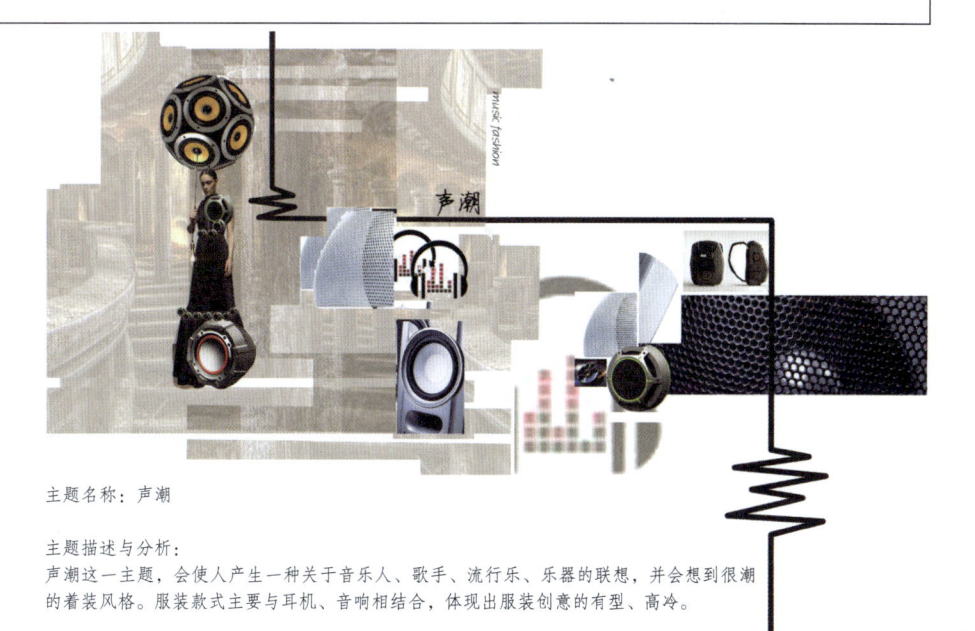

主题名称：声潮

主题描述与分析：

声潮这一主题，会使人产生一种关于音乐人、歌手、流行乐、乐器的联想，并会想到很潮的着装风格。服装款式主要与耳机、音响相结合，体现出服装创意的有型、高冷。

服装创意设计

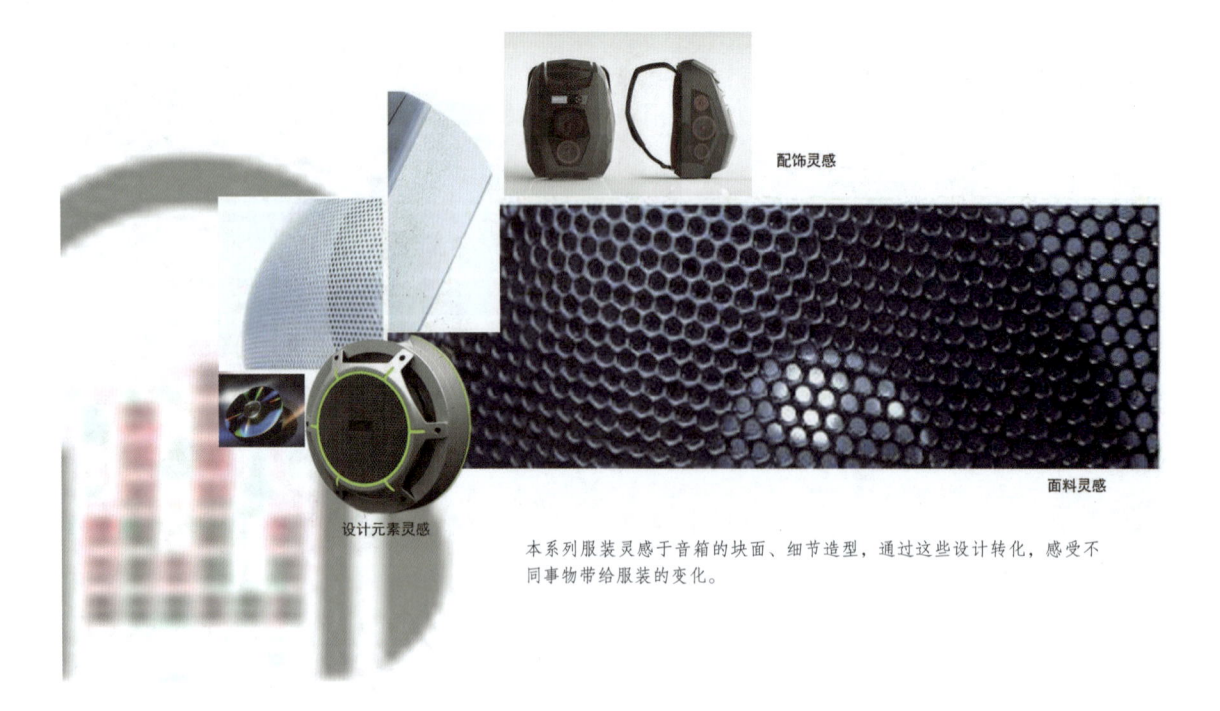

配饰灵感

面料灵感

设计元素灵感

本系列服装灵感于音箱的块面、细节造型，通过这些设计转化，感受不同事物带给服装的变化。

2015年品牌秀场，推出蓝调服装，干净而有**个性**

COLOUR

品牌秀场依旧是落肩设计，宽松、"H"廓型为主打

STYLE

本系列服装选用蓝绿色系、大廓型、落肩设计，空气层面料、毛毡。使服装气场、层次感十足，又不缺少韵味。

品牌秀场秋冬面料：格呢料、空气层面**料**

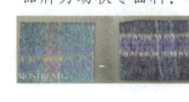

LINING

第四章 从灵感到服装创意设计

设计优化方案：

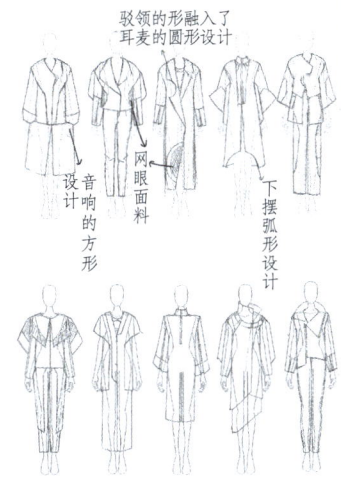

整体以直线条为主，以音响的直线几何形为灵感来源，衣服的廓型主要以当下流行的"H"型与"A"型为主，还采用了当下流行的落肩结构。整体设计比较肥大，使人穿起来舒适。

配饰主要以耳麦的弧形和圆形为灵感来源；第二、三款领口设计灵感来源于耳麦；将第一组下摆的弧形设计转移到衣身处或领口处或配饰。

主要将领子进行设计，分别为：大翻领、驳领、小立领、大立领、翻领。第四款将耳麦的圆弧形与领底弧线相结合。第五款下摆采用不对称设计。

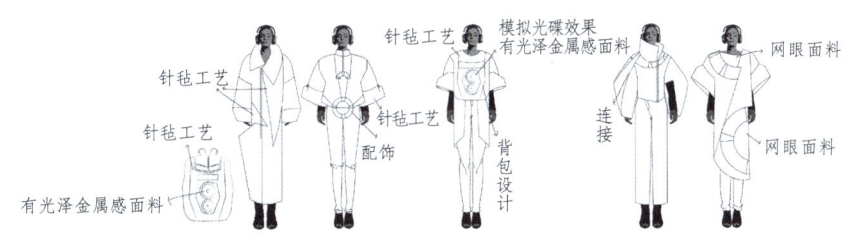

第一款 领子和廓型采用不对称设计，袖口以耳麦上的多边形为灵感素材。
第二款 领底弧线与袖子有连接。

主题名称：声潮

本系列服装将耳麦、音响等音乐器材上的元素融入到服装当中，形成声潮。体现了一些音乐人的时尚潮型，也给人一种音乐享受。图案拼接部分主要采用针毡工艺与毛呢面料结合；少量运用较厚的网眼面料与毛呢面料拼接，为了使厚重的服装比较透气。整体体现了一种自由舒适，时尚大气的朋克风格。

music fashion

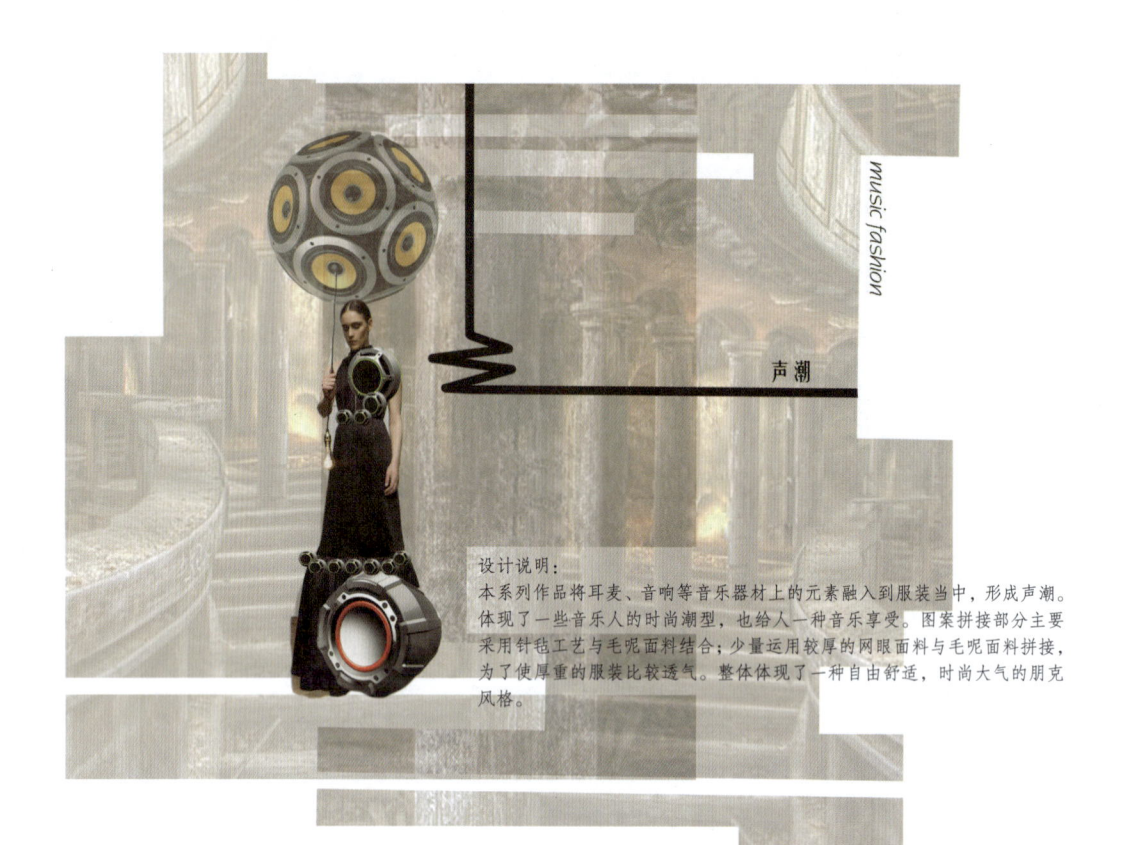

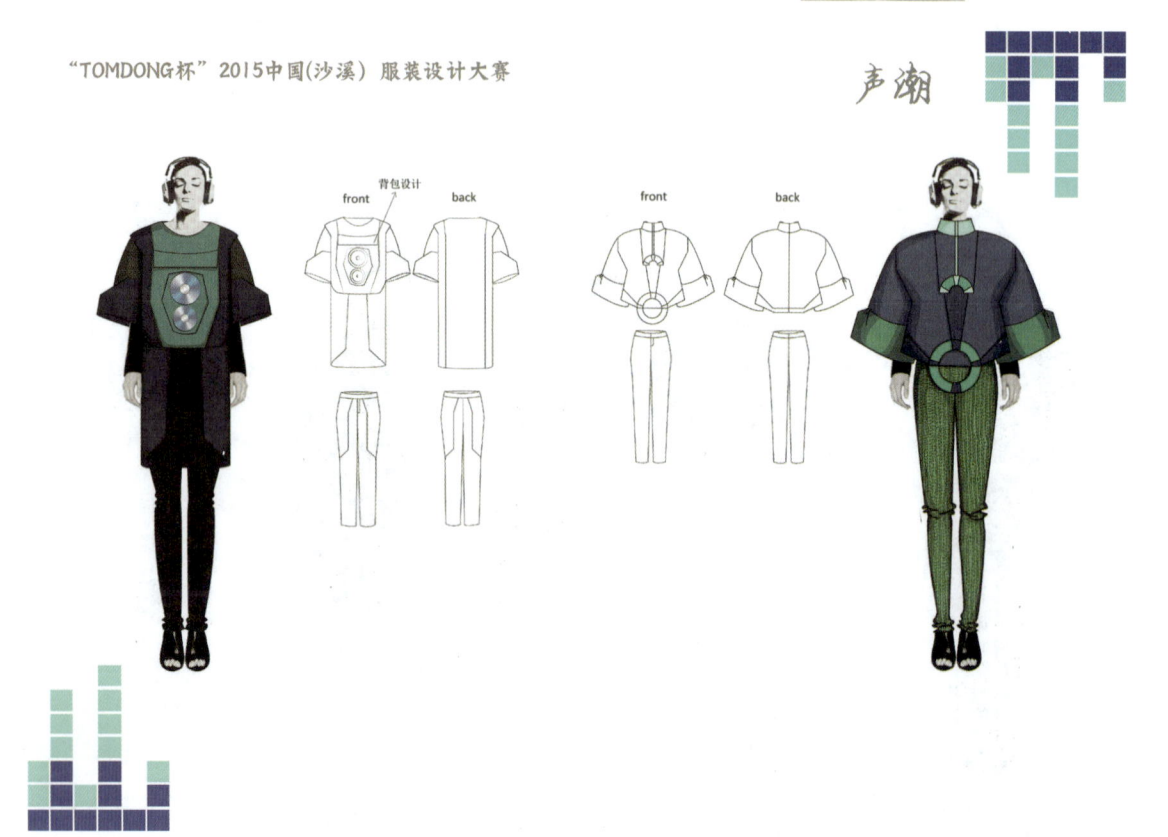

声潮

设计说明：
本系列作品将耳麦、音响等音乐器材上的元素融入到服装当中，形成声潮。体现了一些音乐人的时尚潮型，也给人一种音乐享受。图案拼接部分主要采用针毡工艺与毛呢面料结合；少量运用较厚的网眼面料与毛呢面料拼接，为了使厚重的服装比较透气。整体体现了一种自由舒适，时尚大气的朋克风格。

"TOMDONG杯" 2015中国(沙溪) 服装设计大赛

声潮

第四章 从灵感到服装创意设计

"TOMDONG杯"2015中国(沙溪)服装设计大赛

声潮

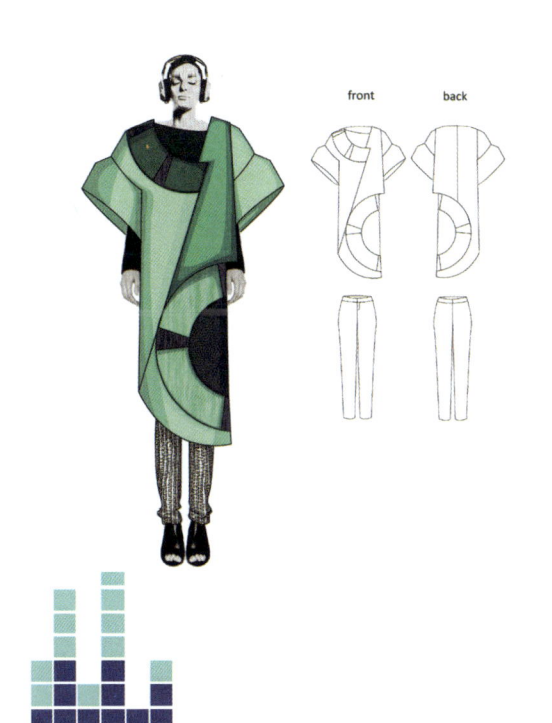

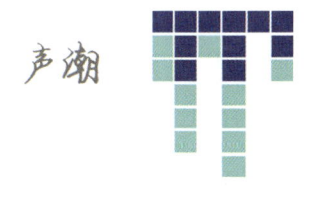

面料小样：

"TOMDONG杯"2015中国(沙溪)服装设计大赛

声潮

103

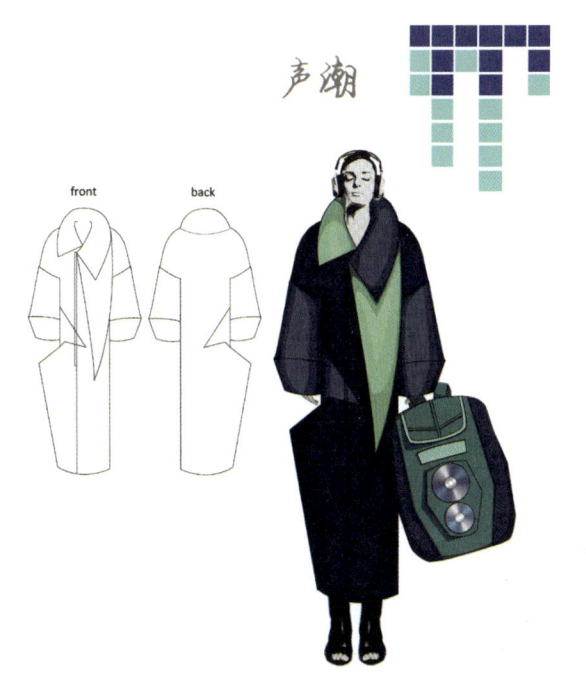

作业实例二：

主题名称

Broken

主要元素分析

运用具有代表性可乐瓶的各种造型，
文字以及色彩来表达主题——Broken'打破'

主题名称

Broken

The Color
色彩分析

颜色提取可乐瓶外包装标志性的颜色，
黑色、白色、蓝色、红色。
把这几种颜色原有的排序打乱，
重新组合，重新排列，
体现'打破'的过程
冷与暖的对比，
暗与亮的对比丰富了主题。

Broken

设计说明

快节奏的生活让我们的身边充满着'快现象'
使我们脚不能停、话不能断不能停息，
我们要打破'快现象'精致的生活。
打破'快现象'需要慢慢来，
是一门学问和技术，
也是现代社会的一种放松方式。
通过对可乐瓶的色彩造型变化来表达主题——Broken'打破'。

"TOM DONG杯" 2015中国（沙溪）服装设计大赛　Broken

front　　back

front　　back

服装创意设计

方法与应用

从设计到设计

课程名称: 从设计到设计

课程内容: 推款设计
　　　　　　跨界设计

课程时间: 8课时

教学目的: 通过对本章内容的学习,能够以优秀设计师作品和其他事物为服装创意设计的切入点,拓宽服装创意设计的思路与空间。

教学方式: 内容讲授与分析、小组讨论与总结、课后训练与实践。

教学要求: 1. 灵活运用设计思维方式。
　　　　　　2. 对服装流行趋势具备敏锐的洞察力。
　　　　　　3. 具备对服装设计作品分析的能力。

第五章 从设计到设计

　　设计作品是科学、技术与艺术的统一,是人类文明的重要组成部分。它不仅是商品、是艺术作品、还是一种文化。每件作品中都凝结着一定的审美意识、文化个性和文化素养,展现出时代的文明水平。这里所说的从设计到设计,包括两方面内容:一是指以某服装设计作品为原型,进行相应的拓展设计,也称为推款设计。如图5-1所示的学生作品,以巴黎世家作品为原型,进行创意拓展设计,实现从设计到设计。二是以其他设计作品(服装除外)作为设计的起点,进行创意设计,属于跨界设计的范畴。如图5-2所示的Moschino 2014秋冬女装作品,系列设计中不仅有上班族每天买"6元早餐"时可以见到的柠檬黄与大红色,还更彻底地将麦当劳的"M"字母Logo与Moschino本身的首字母进行了融合,成为一场"麦斯奇诺"秀。除此之外,模特背的包袋还被设计师制作成麦当劳套餐礼盒的小房子造型,而那套戴着鸭舌帽穿着条纹T恤裙的Look中,模特甚至直接用麦当劳的托盘端着印有"M"字母的包走上T台,实实在在地演了一场饮食与服装的跨界秀。

　　作为设计表达的一种方法,从设计到设计,不仅能将设计者的创意快速准确地表达出来,更重要的是可以拓展设计者的思路,具有更加开放的自由性,是以服装构成要素进行创意设计的有效补充。

图 5-1

图 5-2

第一节 推款设计

随着人们生活水平的提高，对穿着的要求多变且希望能做到唯一，这也对设计师们提出了更高的要求。但凡符合消费者审美需求的设计，不仅需要设计师们具有基本的文化素养，还须掌握一定的设计规律与方法。推款设计常用于系列服装创意设计中，有助于设计者快速、有效地完成设计，达到创意。

一、服装设计大师作品收集与分析

我们常常会被服装设计大师们绚丽多彩、精美绝伦的设计佳作所震撼，并为他们超凡脱俗的想象力、创造力所倾倒。在欣赏这些佳作的同时，总会有一些作品或设计师是我们非常喜爱的，使我们对其所传达出的精神和情感产生共鸣。收集并分析喜爱的大师作品，会让我们切身地体验大师的心路历程，感知大师的创作思想，了解服装设计的真谛，从而提升自己的观察力、设计力和对服装语言的把控力。

图 5-3 所示的 Issey Miyake 2014 秋冬女装作品，其标志

图 5-3

性的手工褶裥和"steam stretch"纺织技术共同唤醒了古木年轮的灵感遐想,几何图形被有趣的圆形轮廓包围着,有种非洲风情的错觉,但"steam stretch"蒸汽拉伸技术令褶皱波纹散发出迷人的魅力,Issey Miyake 就像时装周上的一片绿洲,令人感受到它前所未有的鲜活生命力。

图 5-4 所示的 Emporio Armani 2014 秋冬女装作品,将"这是一个有关时尚的故事"、

图 5-4

"在这里将阴阳结合",以及微妙的中性风格融入艺术装饰。阿玛尼(Armani)在新闻发布会上阐述,导演吕克·贝松(Luc Besson)的电影《尼基塔》是一个灵感来源。灰色外套包括男性化西装和双排扣大衣,精致剪裁的肩部线条,营造出轻松氛围,裤子皮带扣的装饰则微妙地显露出一丝俏皮的味道。不得不佩服 Armani 操纵趋势的能力,他实现了一个强大阵容,一种偏向冷静的成熟。

二、以大师作品为基点进行推款设计

纵观那些能够给观众留下深刻印象的服装设计佳作,人们不难发现,它们都有一个共同点,即拥有自己与众不同的鲜明特点。只有站在巨人的肩上,才能站得更高、看得更远。以大师作品为基点,在对自己喜爱的大师作品进行收集、分析和感知的同时,进行推款设计,以达到感染旁人的艺术效果。根据笔者多年的教学经验与积累,总结出推款设计的主要方法有:同型异构法、局部改造法、量和位置变化设计法、形态变化设计法和提取元素法等。

1. 同型异构法

在平面设计中,"同型异构"是指外观图形相同,内部结构不同的构成方法。在服装设计中,同型异构是指利用同一种服装的廓型,进行多种内部构成设计,这种方法有人俗称为服装结构中的"篮球、排球和足球"式(三种球的外形都是圆的,但有着不同的内部线条分割)处理。如图 5-5 所示的 Thom browne Fall 2015 男装作品,在保留廓型相同的基础上,

图 5-5

改变细节元素，实现服装上的同型异构；图 5-6 所示的 Junya watamabe fall 2016 男装作品，在保留相同廓型、相同零部件布局的基础上，应用不同的色彩、面料，达到同型异构。

运用同型异构法需要充分把握服装款式的结构特征，其内部构成设计力求合理有序，使之与廓型构成一种协调关系的同时，能够以人为本实现创意。

图 5-6

2. 局部改造法

局部改造法，指在基本不改变服装整体效果的前提下，对局部进行变化设计，以达成系列服装统一中有变化的视觉效果。局部改造法多以服装的部件与细节为变化设计的对象，如领部、肩部、腰部及门襟、口袋等；也可以保留细节的相似性，如改变廓型，以完成推款及创意设计。如图 5-7 所示的 J.W.anderson 2016 女装作品，从左图到中图，用色彩、图案、领、门襟设计来区别两者的构成差异，从中图到右图，用衣长和色彩的局部差异，满足同中求异的创意效果。图 5-8 所示的局部改造法体现在服装门襟、衣领、袖窿的差异设计。

3. 量和位置变化设计法

以大师作品为基点进行创意设计时，设计者可以通过服装中细节元素的量与位置的变化进行推款及系列设计。如图 5-9 所示的 Shrimps 2016 秋冬女装作品，因线条图案、几何条纹数量和位置的变化，同时结合款式造型和色彩，使系列作品产生了变化，也令细节表现得更为丰满。图 5-10 所示的 Christoper Rane 2016 成衣作品，利用纱线流苏细节，在系列服

图 5-7

图 5-8

图 5-9

图 5-10

装中通过数量、位置、疏密的设计变化，使作品和谐有序。图5-11、图5-12所示的作品，同样是结合设计元素的量和位置的变化来完善系列创意设计。

4. 形态变化设计法

形态指事物在一定条件下的表现形式。在服装设计方法中，形态变化设计法指同一种细节元素在不同服装款式中的不同表现形式。如图5-13所示的Holly fulton 2015／2016秋冬女装作品中，海螺元素在不同的款式中呈现出不一样的形态，传达出海螺随着时间的推移所经历的生命历程。图5-14所示的作品，将平面几何元素的不同形态变化应用于系列服装中，突出形态变化设计法的魅力。

图5-11

图5-12

图 5-13

图 5-14

5. 提取元素法

提取元素法，指以某设计师的作品为原型，提取自己所喜欢的元素，经过一定的凝练、变化，应用于新的设计作品中的方法。如图 5-15 所示的 Paco Rabanne 2014 早秋作品中的核心元素，来自于图 5-16 所示的帕科·拉巴纳（Paco Rabanne）1960 年代的代表作，他很好地抓住了代表作中的灵魂元素——几何切片的连接，结合现代款式、材质、工艺技术等，在回归品牌历史的同时迎合了现代时尚的审美。

图 5-15

图 5-16

第二节 跨界设计

一、设计的延续与超越——跨界

"跨界"译自英文"Crossover"。早在半个世纪以前,"Crossover"就被译为"跨界音乐",以一种音乐风格的身份出现。在英文中,"Crossover"的原意是指"交叉、跨越",但其在诸多领域被翻译成"跨界",引申含义是"跨界合作",即指跨越不同领域、不同行业或不同文化而产生的一些新领域、新行业和新风格等。如今,这股跨界风席卷了全球,无论是行业跨界、品牌跨界,还是设计师与品牌的跨界"联姻"均以迅雷不及掩耳之势迅速蔓延。"跨界设计"也应运而生,成为一种新型的设计方法和策略。"跨界"不仅是一种时尚观念,更代表着一种新锐的生活态度与审美方式的融合。

跨界设计的成功,与日益丰富的市场需求分不开,究其实质,是源自设计行业本身的边缘性。设计本身就是一种创造性很强的脑力劳动,设计师也需要从大千世界和万事万物中汲取灵感。因此,设计的定义就存在着变化和发展的空间,它的界限是不确定的。具体来讲,不同前提下的设计,为了实现不同设计目的,可以涉及不同的知识领域。跨界设计使设计师打破了原有的思维定式,兼收并蓄、博采众长、标新立异,这可以说是一种趋势。跨界设计是必然的也是必要的,可以让设计师本身的素质和设计思维得到提升和拓展,从而产生前所未有的新生事物。

二、跨界设计作品赏析

跨界思维为服装创意设计提供了更广阔的空间与可能,其他艺术形态、制作工艺、架构特征等均可以为服装创意所用,同时可以改变服装固有的组合形式、工艺流程、视觉感受、服用功能等,是扩充、创新、完善服装创意设计的有效途径。建筑领域的桥梁构架、居所设计,高科技领域的电子设备、3D技术,传统手工艺领域的剪纸、陶艺、插画、拼布,等等,无不可以与服装创意联姻,如图5-17所示,设计师采用3D技术和建筑结构的原理,打造出未来感的酷时尚,完

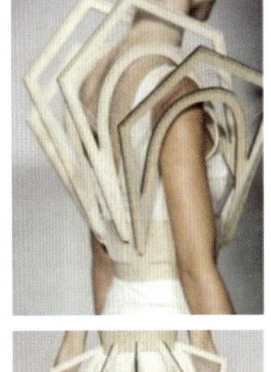

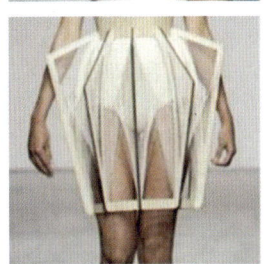

图5-17

成了服装创意的跨界设计。图5-18所示表现的是光学效果在服装创意中的跨界，灵动、梦幻、前卫、神秘的光影关系是常规纺织品所达不到的。图5-19所示为剪纸艺术的跨界应用。剪纸艺术呈现出唯美、细腻、通透、具有文化感的品质，是服装创意设计中常常采用的一种造型手段。

图5-18

图5-19

第五章 从设计到设计

| 课后训练 | 作业名称：从设计到设计
要　　求：寻找设计师大师作品或其他事物的相关资料，运用学过的方法与思路，完成系列服装的创意设计。 |

作业实例一：

作业实例二：

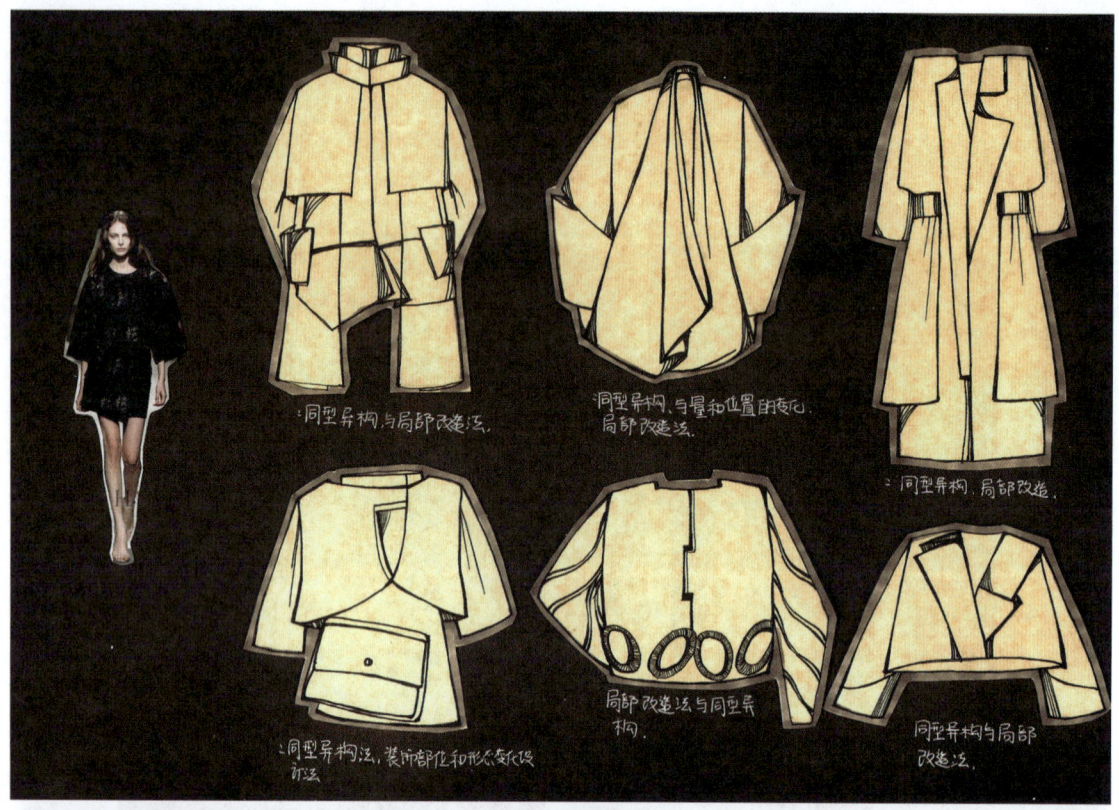

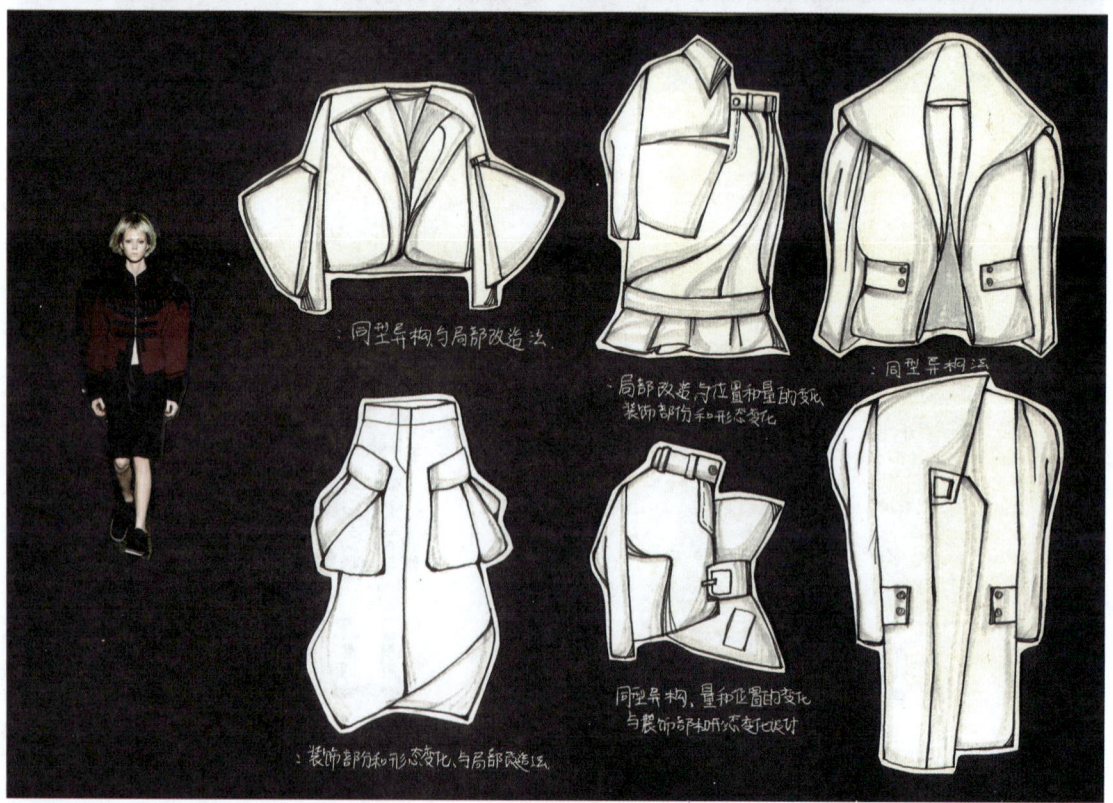

第五章 从设计到设计

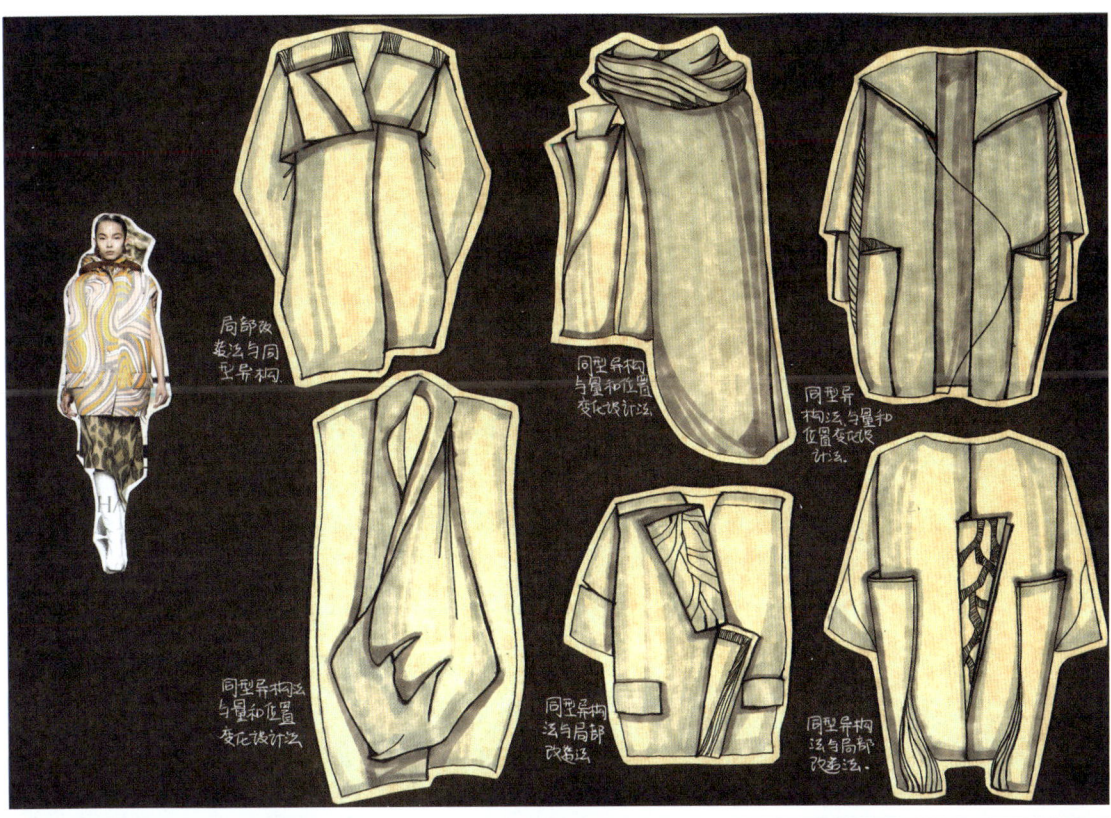

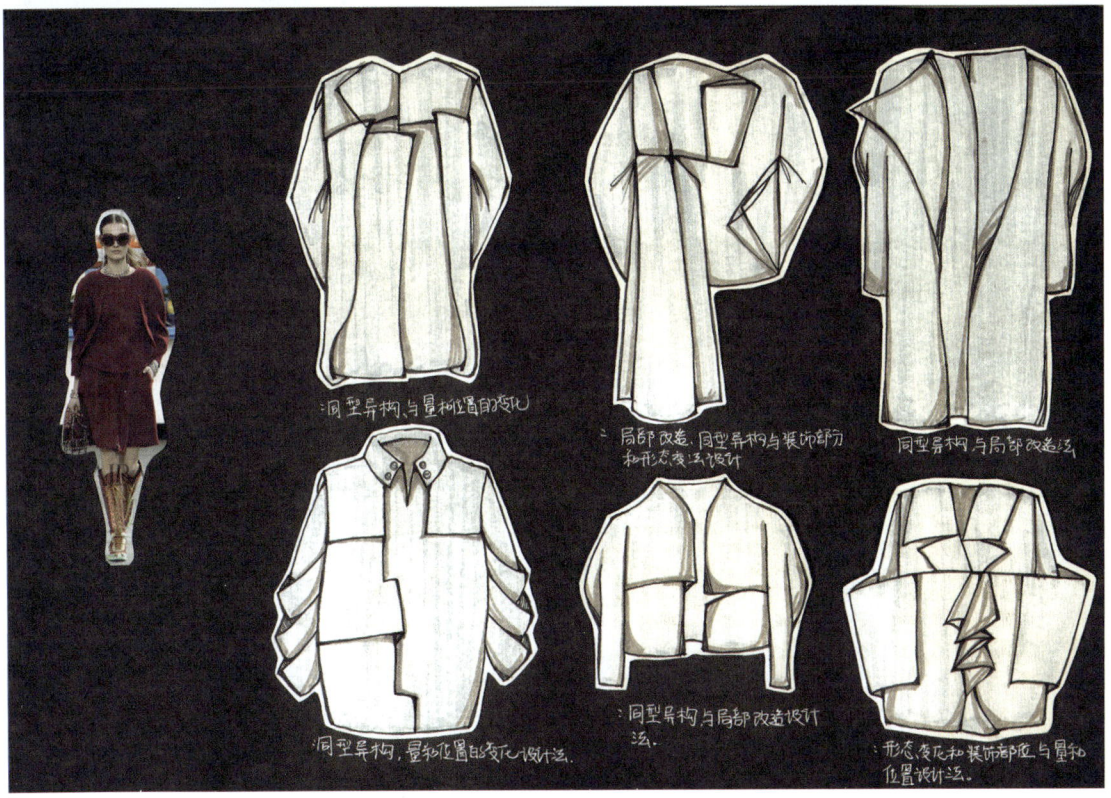

后记

　　本书作为教材编写，是作者在几轮次教学实践基础上总结而成的。虽然花了不少工夫，但仍觉成文较仓促，难免有不足之处。

　　书中所选作业实例是我院二年级和部分三年级学生的作业，尚有稚嫩之感，只是为了说明教学要求而用。

　　这里特别要向给予编写本书支持和贡献的朋友们表示感谢。刘致茹、贾晓萱、樊旭露、冯兴宇、周蕙、邱思雨、苏丹宁、王蕊、郑宇嘉、张典、丁瑞、王丹、郝艳茹、白侠、崔文丽、王萌萌、舒威等同学都给予了无私支持与帮助，在本教材出版之际再次对他们深表谢忱。